JN269392

# 学びなおすと物理はおもしろい

Atsushi Muta
牟田 淳
著

ベレ出版

# はじめに

この本は物理をわかりやすく学びなおして、その楽しさや魅力を発見していく事を目的に作られています。

高校までの物理では受験対策などのため、単に実用的な計算ができることが重要視されて、その結果、退屈で物理がきらいになってしまった人も多いのではないでしょうか。

しかしながら本来、物理学はあらゆる自然科学、工学の基本となる学問であるだけでなく、たいへん面白く魅力的な学問です。例えば、

私たちの未来はどれくらい決まっているのでしょうか?

光の正体はいったいなんでしょうか?

何故、エネルギーは保存するのでしょうか?

などの興味深い疑問を解き明かしてくれるのが物理学です。この3つの例のように、力学、波、

電磁気学、熱学、ミクロな世界の物理学といった、主に高校物理で学び始める物理学は、少し視点を変えて学びなおすだけでとても楽しく、魅力的なものになります。

この本では、さまざまな魅力的な話題を通じて物理学を学びなおします。ただし、数式はほとんど出てきません。わかりやすい説明と図によって物理の楽しさや魅力を学びなおしていきます。

しかしながら一方で、「物理学は数式で説明されるべきだ」という考えもあります。もちろん、物理学を真に理解して使えるようになるためには数式を用いて計算をする事が重要です。しかし、それと同じくらいに物理学をわかりやすい言葉や絵で理解できるようになることも重要なのです。

そしてさらにもう一つ、どれだけ物理学を面白いと思うか、その魅力を理解するかということも物理学を理解し使えるようになる上で重要です。人間はなんだかんだ言って感情の生き物です。結局は、その学問を楽しむことができた人が、よりきちんと物理学が使えるようになるのです。

この本を通じて、「高校などで学んだ物理ってこんなに面白い学問だったのか」ということを感じていただければと思います。

牟田 淳

# 学びなおすと物理はおもしろい――もくじ

## 第3章　もうひとつの変わらないもの「運動量」

## 第4章　音と光は波で出来ている

## 第6章　電気と磁気が似ているわけ

## 第7章　温度と熱の正体はなんだろうか?

# 第1章

# 未来を解き明かす力学

# 力学を学ぶと未来がわかる？

私たちの未来は、どれくらい決まっているのでしょうか？

例えば読者の皆さんは明日の12時、何をしているでしょう？　来年の今頃は何をしているのでしょう？

10年後の読者の皆さんの未来はどうなっているのでしょうか？

こんな風に言うと、「そんなもの決まっているはずがない！」とか「未来は自分で切り開いているんだ！」という声が聞こえてきそうです。

でもちょっと考えてみてください。身の回りには、結構決まっている未来もあります。

例えば明日の日の出の時刻は正確にわかっています。そればかりか一年後の日の出の時刻も正確にわかっています。さらには明日の天気も大体わかっています。

つまり、未来は結構正確にわかっているのです。それでは何故、これらの未来がわかるのでしょうか？

実は未来を解き明かす自然界の法則があるのです。それが、「力学」と呼ばれるものです。

力学というと、高校時代に学校で学んだ人もいるでしょう。それが、未来を解き明かす自然界の法則だなんて、大げさなと思うかもしれません。でも、そうなんです。明日や一年後の日の出の時刻が正確にわかるのも、明日の天気が大体わかるのも実は「力学」を使って未来を計算しているのです。

それならば自分の未来も天気や日の出と同じように「力学」でわかるのでしょうか？　第1章では「未来を解き明かす力学」に焦点を当てて力学を学びなおしてみましょう。

## 速度×時間＝距離　で未来がわかる

簡単な例から未来を解き明かしてみましょう。自然界の法則はしばしば「当然」「一番簡単」と思われている事を一つ一つ積み上げて調べていく事によって見えてくるのです。

今、宇宙をロケットが時速50㎞で進んでいるとしましょう。このロケットの未来はすぐにわかります。例えば1時間後は最初よりも50㎞進んでいます。2時間たつと、100㎞進みます。3時間たつと150㎞進みます。一般に、ある時間だけたつと、

速度 × 時間 ＝ 距離（1）

だけロケットは動きます。ここでこのような運動を「等速度運動」または等しい速さでまっすぐ進むので「等速直線運動」と言います。

この場合、「ロケットの未来は完全にわかっている」のです。つまり「速度×時間＝距離」は「未来を解き明かす方程式」とも言えるわけです。こんなの当たり前と思うかもしれません。しかし順次、紹介していきますが、実はこの等速直線運動が未来を解き明かす方程式の基本的な出発点となるのです。

未来を解き明かす方程式（基本版） 速度 × 時間 ＝ 距離

## 慣性の法則

実は基本的な未来を解き明かす方程式「速度×時間＝距離」はいつも使えるわけではありません。例えば自動車は、アクセルを踏んだりブレーキを踏んだりすれば、そもそも速度はどんどん変わっていくので、「速度×時間＝距離」はそのままでは使えません。

それではまず、どのような場合に「速度×時間＝距離」が使えるのかをきちんと押さえておきましょう。

平らな地面で自転車を走らせる場面を想像してみてください。すると、最初のうちは自転車は同じようなスピードで走りますが、しばらくするとだんだん止まってしまいます。これは、地面との間に摩擦力という力が働くため、速度はだんだんゆっくりになっていくのです。

それではもしも地面との間に摩擦力のような力が働かなかったらどうなるでしょう?

この時摩擦力のような、速度がゆっくりになる要素はないので自転車は宇宙を飛ぶロケットのように同じ速度で進むのです。つまり、等速直線運動をするのです。ですから、「速度×時間＝距離」が成り立ちます。これはもちろん、自転車やロケットに限らず、どんな物体でも成り立ちます。

つまり、

外から力が働かない時、「速度×時間＝距離」が成り立つ。（2）

となるのです。「速度×時間＝距離」が成り立つ等速直線運動は、外から力が働かない時に起こる特別な運動だったのです。ここで静止している場合はどうなるのという疑問がわくかもしれません。しかし、静止しているという事は速度がゼロという事ですから、やはり（2）が成り立ちます。（2）を「慣性の法則」と言います。

慣性の法則　外から力が働かない時、「速度 × 時間 ＝ 距離」が成り立つ

このようにして「速度×時間＝距離」という未来を解き明かす方程式は、外から力が働いていない時に使う事ができる事がわかりました。もしも外から力が働いていなければ、この世界のすべての未来が「速度×時間＝距離」により解き明かされるのです。

## 力が働くと加速する

それでは力が働くと、未来を解き明かす方程式はどうなるのでしょう？　その事を解き明かすために、今度は力が働いた時の運動の様子を詳しく調べてみましょう。

今、リンゴを手から放して落とす場合を考えましょう。すると、落とす高さが数㎝の低い時にはリンゴは軽く音を立てて例えば机にぶつかるでしょう。しかし、リンゴを高い所から、例えば床に落とすとどうなるでしょう？　おそらく激しく床にぶつかり、リンゴはつぶれてしまうでしょう。

何故、このような事が起こるのでしょうか？　それは、リンゴが落下するにつれて速度がだんだん大きくなっていくからです。実際、ビルの屋上からリンゴを落とすと、地上付近ではリンゴはものすごい速度になり、地面に落ちた時はリンゴは粉々になるでしょう。それでは何故、落下するにつれてリンゴの速度は大きくなるのでしょう？

実はリンゴは重力によって地球に引っ張られるため、だんだんリンゴの速度が大きくなっていくのです。このように外から力が働くと、速度が大きくなっていきます。つまり加速するわけです。

リンゴを落とした場合は重力によって地球に引っ張られて1、2、3…秒後には約10、20、30…m／秒の速度になります。地球上では物が落ちる時、1秒あたり約10m／秒ずつ加速するのです（これを重力加速度 $g$ と言います）。

## 減速も加速も「加速度」

さて、今度は同じリンゴを上に向けて投げてみましょう。すると初めのうちは加速しません。地球に引っ張られているのでだんだん減速してあるところで速度はゼロになります。そして今度は下に落ち始めて下に加速していきます。

例えば上向きに20m／秒でリンゴを投げると1秒ごとに10、0m／秒と減速し、その後下向きに10、20、30m／秒と加速していきます。最初は減速、後で加速するわけです。これはリンゴが地球に引っ張られているので、上に動いている時は減速、下に動いている時は加速するわけです。

しかし、同じ地球に引っ張られているリンゴを減速とか加速とか区別するのはしっくりきません。何か単純な仕組みはないのでしょうか？

今、上向きをプラス、下向きをマイナスと考えましょう。すると20ｍ／秒でリンゴを上に投げると1、2、3、4秒後にはそれぞれ10、0、マイナス10、マイナス20ｍ／秒になっているのです。このようにマイナスなどを含めて向きもわかるようにした速さを速度と言います（これまで本書では何気なく「速度」という言葉を使ってきましたが…）。

この速度の様子をよく見ると、リンゴが上向きに減速している時も下向きに加速している時も**「毎秒マイナス10ｍ／秒ずつ速度が変わっている」**事がわかると思います。この毎秒速度がどれだけ変化するかを加速度と言います。自然科学の世界では、減速と加速どちらも同じ加速度とみなすのです。

これで減速、加速という一見違うように見えるものを加速度という言葉でまとめる事ができました。するとリンゴを上に投げた場合の運動は

「リンゴは地球から引っ張られているので下向きの加速度（上向きを正として、毎秒マイナス10ｍ／秒だけ速度が変わる）が生まれる」

と言い表す事ができるのです。これはすぐに一般化する事ができます。つまり、

「力が働くとその向きに加速度が生まれる」

となるのです。これは言いかえると加速度が力に比例すると言えます。加速度はしばしば車のア

クセルの$a$で表されます（acceleration）。力はforceの$F$をよく使います。そこで式で表すと、

**加速度 $\propto$ 力（$a \propto F$）**

となります。$\propto$は比例を表す記号です。以上から力が働くと加速度が生まれる事がわかりました。

先ほど、プラス、マイナスを含めて向きもわかるようにした速度を導入しました。すると、「速度×時間＝距離」の公式は実は正確ではありません。なぜなら距離にマイナスという概念はないからです。「速度×時間＝位置の変化」がより正確な表現になります。この位置の変化を普通「変位」と言います。例えば上向きをプラス、下向きをマイナスとすると、上向きに1m動くと変位1m、下向きに1m動くと変位マイナス1mとなります。そこで、今後は「速度×時間＝変位」と表現することにします。

## 加速度がわかれば未来がわかる

それでは加速度がある時の未来を解き明かす方程式はどのような形になるのでしょうか？

加速度ゼロの時は単純に「速度×時間＝変位」で未来が決まりました。しかしながら、今度は加速度があるので速度は少しずつ変わってしまいます。この場合、未来は単純に「速度×時間＝変位」では決まりません。

しかし、時間を少しだけ進めるならばあまり速度は変わりません。そこで、例えば0.1秒とか0.01秒とかの短い時間であれば、外から力が働かないときに成立した未来を解き明かす方程式

速度 × 時間 ＝ 変位　（ただし時間は短い時間とする）　（3）

はやはりだいたい成り立つのです。そこで、例えば0.001秒ずつとか、本当に少しずつ少しずつ時間を進めながら、その時の速度と動いた距離を式（3）によってつなげていくとだいたいの未来がわかるのです。

「だいたい」と一見いい加減そうな話をしましたが、それでは正確に未来を知るためにはどう

すればいいのでしょうか？　それは単に0.1秒や0.01秒を限りなく小さな短い時間にしていくに従い、いくらでも正確な未来がわかるようになるのです。これは「積分法」と呼ばれ、実際に高校レベルの数学で証明できるのです。

時間間隔を短くしていったときの様子を実際に簡単な場合について確かめてみましょう。今、図1・1にボールが落ちる様子を描きました。一番右の図では1秒ごとに「速度×時間＝変位」を計算してつなげて、2秒後のボールの位置が描かれています。しかしボールが落ちる時は刻々と速度が加速しているので、1秒ごとに計算するのは粗い近似です。

そこで、右から2番目の図では時間間隔を短くしてそれぞれ0.5秒ごとに「速度×時間＝変位」を計算してつなげて、2秒後のボールの位置が描かれています。時間間隔を短くしたので、少し正確になってます。

さらに右から3番目の図のように時間間隔を0.25秒と短くすると、より正確になります。こ

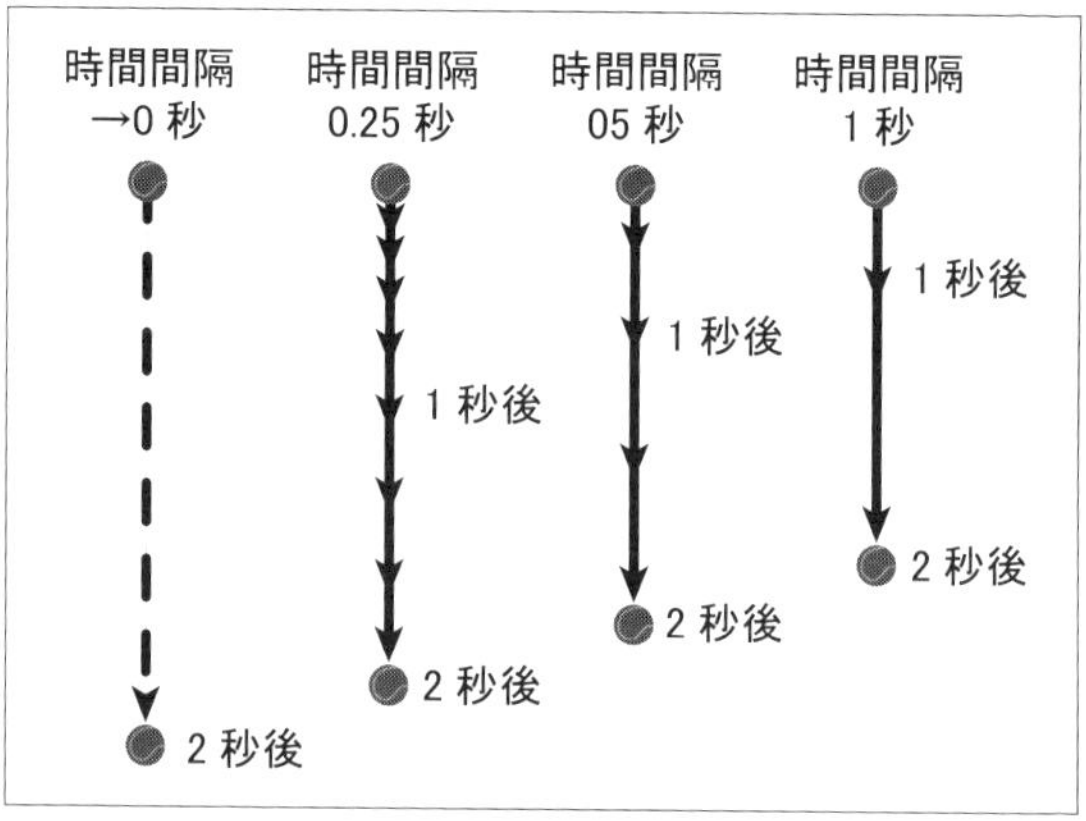


図1・1　ボールが落ちる様子。時間間隔を小さくしていくと本当の動き（時間間隔→0秒）に限りなく近づいていく。

のようにして時間間隔を0秒に近づけると、本当の動きに近くなっていくのです。

以上から、力（加速度）がある場合にも未来を解き明かす方程式がわかりました。それではまとめておきましょう。

力（加速度）がある時の未来を解き明かす方程式
速度×時間＝変位　（ただし、時間間隔を十分小さくして動いた距離をつなげていく）

本質的な事を説明するために「方程式」と言いながら言葉で説明しましたが、参考のためにこの未来を解き明かす方程式は数式で書くと $x = \int_0^t v dt$ となります（数式が苦手な人は数式を眺めるだけにとどめておいてください）。詳細は巻末の付録に説明しておきました。

## 加速度と質量

先ほど、未来を解き明かす上で重要な加速度は力によって生まれることを紹介しました。しかし、単に力だけがわかれば自分の未来がわかるとはまだまだ到底思えません。まだいくつかの仕組みがあるはずです。実際、今紹介した「力（加速度）がある時の未来を解き明かす方程式」はまだ暫定的なものです。

そこでもう少し、未来を解き明かす方程式を詳しく調べてみましょう。

未来を解き明かす方程式のキーワードは加速度です。

今、机の上に重いボールと軽いボールの合計2つのボールがあるとしましょう。例えば重いボーリングの玉と、軽いテニスボールの玉などを想像してみるといいでしょう。この時、2つのボールを手を使って同じ力で押してみましょう。

軽いテニスボールを手を使って押すとボールはすぐに加速します。しかし、重いボーリングのボールの場合、手を使って押してもなかなか加速しません。重いものほど加速しにくいのです。つまり、同じ力で押した場合、重いものほど加速度は小さくなっていくのです。

この当たり前と思われる現象を詳しく調べてみると綺麗な法則が見つかります。実は質量が2倍、3倍と重くなると、加速度は1/2倍、1/3倍になっていくのです。

つまり、加速度は質量に反比例するのです。ここから「加速度∝力」は次のように置き換えられます。

加速度 ∝ 力／質量

さて、今度こそ加速度は力と質量で決まるのでしょうか？　今度はＹＥＳです。つまり、本当に加速度は力と質量のみで決まるのです。よって比例記号「∝」をイコール記号「＝」に置き換える事ができます。つまり、

加速度　＝　力／質量

となるのです。

## 運動方程式――未来を解き明かす方程式

これまでの説明から、未来を解き明かすうえで重要な加速度 $a$ は、力と質量によって決まる事がわかりました。ここで、「加速度＝力／質量」の式から、

質量　×　加速度　＝　力

となります。これを運動方程式と呼びます。

このようにして加速度は運動方程式にまとめられたように、力と質量で決まる事がわかりました。そのため、**運動方程式を「未来を解き明かす方程式」とみなす事もできる**のです。

> 未来を解き明かす方程式
> 運動方程式　質量 × 加速度 ＝ 力 （4）

## ベクトル——未来を解き明かす方程式（最終版）

私たちはついに運動方程式という「未来を解き明かす方程式」を手に入れました。しかし、一般にはこの運動方程式は「ベクトル」を使って書かれています。そこで、「ベクトル」を少し調べてみましょう。

自然の世界ではしばしば「ベクトル」と呼ばれるものが重要になります。ベクトルとはいったい何なのでしょう？

ベクトルを考えるために、次の例を考えます。今、A君が「東に1m移動し、次に北に1m移動した」とします。これは、「北東にルート２mだけ移動した」とも言えます。

この「移動」はベクトルの例です。ベクトルは図1・2のように、「向き(北東)と大きさ（ルート２）」を持ちます。これは矢印を使うと向きと大きさが簡単に表せます。私たちの世界は、縦・横・高さの空間が3次元です。そのため、このように向きと大きさを視覚的に表すことのできるベクトルは大変重宝するのです。

ベクトルは記号で書く時も矢印をつけることがあります。例えば力$\boldsymbol{F}$に対して、$\vec{F}$ と書くと、向きと大きさを持った力のベクトルを表している事がすぐにわかります。他にも速度ベクトル$\vec{v}$、加速度ベクトル $\vec{a}$ などがあります。これで「未来を解き明かす方程式」の最終版ができました。単に運動方程式をベクトルにすればいいのです。

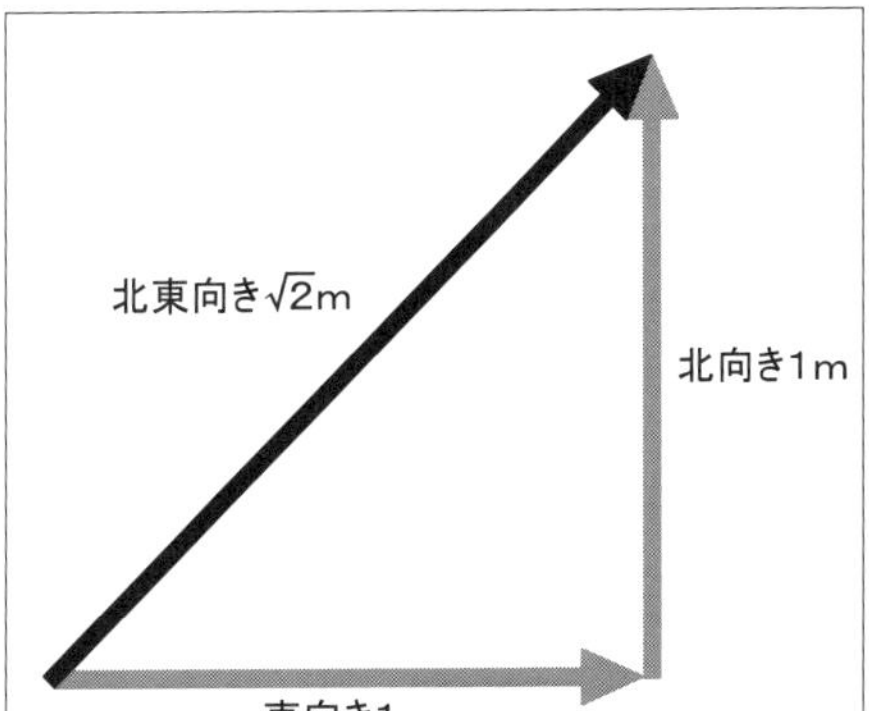

図1・2　ベクトル。ベクトルを矢印で表している。矢印を使うと、向き、大きさが視覚的にわかる。

未来を解き明かす方程式（最終版）

質量 × $\overrightarrow{\text{加速度}}$ ＝ $\overrightarrow{\text{力}}$　（５）

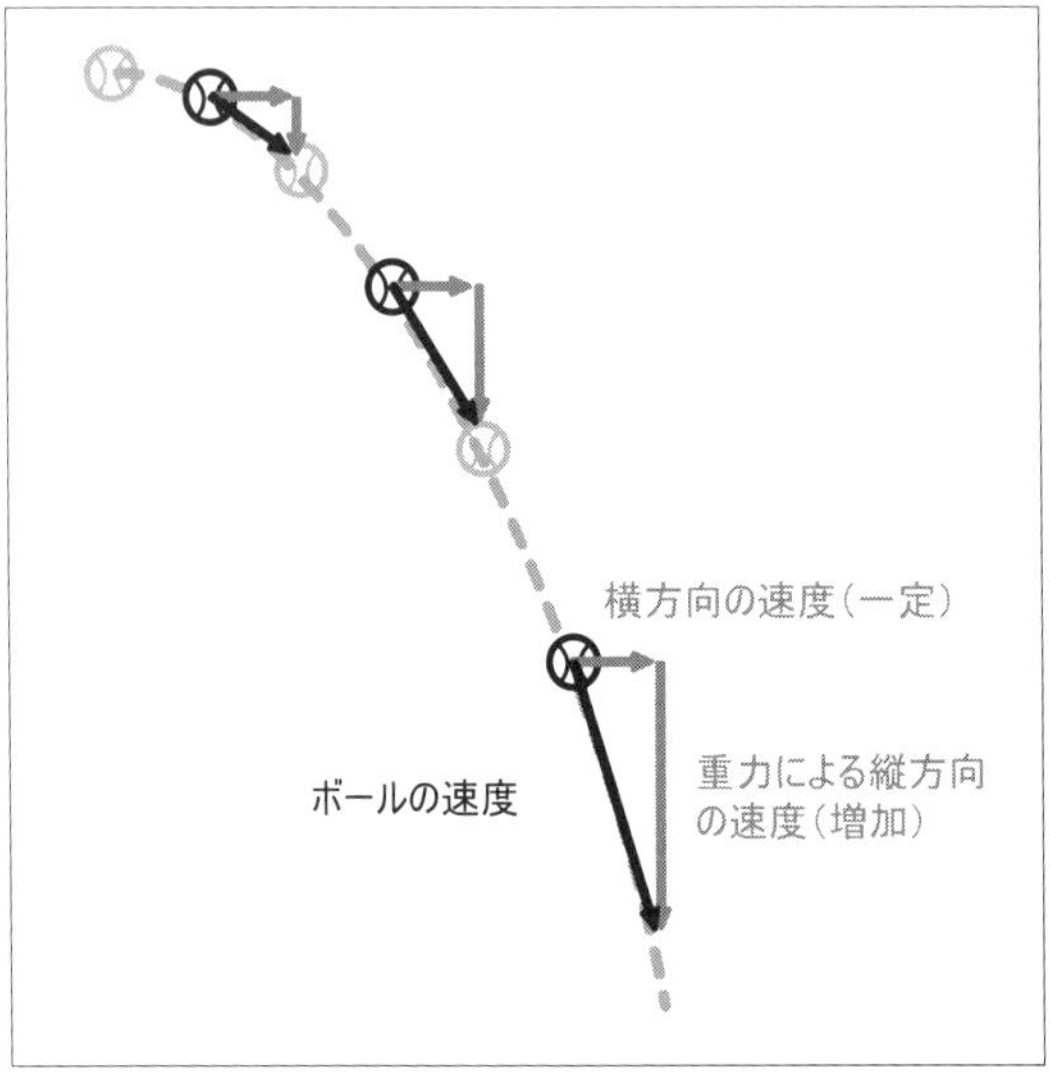


図１・３　横に投げたボール。重力により、縦方向の速度は大きくなっていく。

## 横に投げたボールの未来は？

ベクトルが扱えるようになったので、ベクトルの例として今度はボールを横に投げた時の未来を調べてみましょう。

この時、ボールを投げた直後は、ほぼ横に等速直線運動しますが、地球がボールを引っ張っているのでだんだん下方向への速度が増していきます。

これを速度ベクトルの立場から見てみましょう。この場合、横方向の速度と下方向の速度に注目して、

横方向の速度 ＋ 下方向の速度 ＝ ボールの速度
↓　　　　　　　↓　　　　　　↓

となります。

初めは下方向の速度が小さいのでほぼ横にボールは飛んでいきます。しかし、時間がたつと下方向への速度が増します。その結果、だんだんボールは横方向からななめ下方向に綺麗に放物線を描きながら落ちていきます。

## つり合いの法則──机の上のリンゴは何故落ちないのか？

ベクトルを学んだのでより正確に様々な事が説明ができるようになりました。その一つが「つり合いの法則」です。

今、リンゴが机の上にあるとします。リンゴには重力（地球がリンゴを引く力）が下向きに働いています。そこで、このままではリンゴは下向きに加速度を持ち、動き始めるはずです。しかしながら実際にはリンゴは机の上で止まったままです。何故、リンゴは止まったままで落ちない

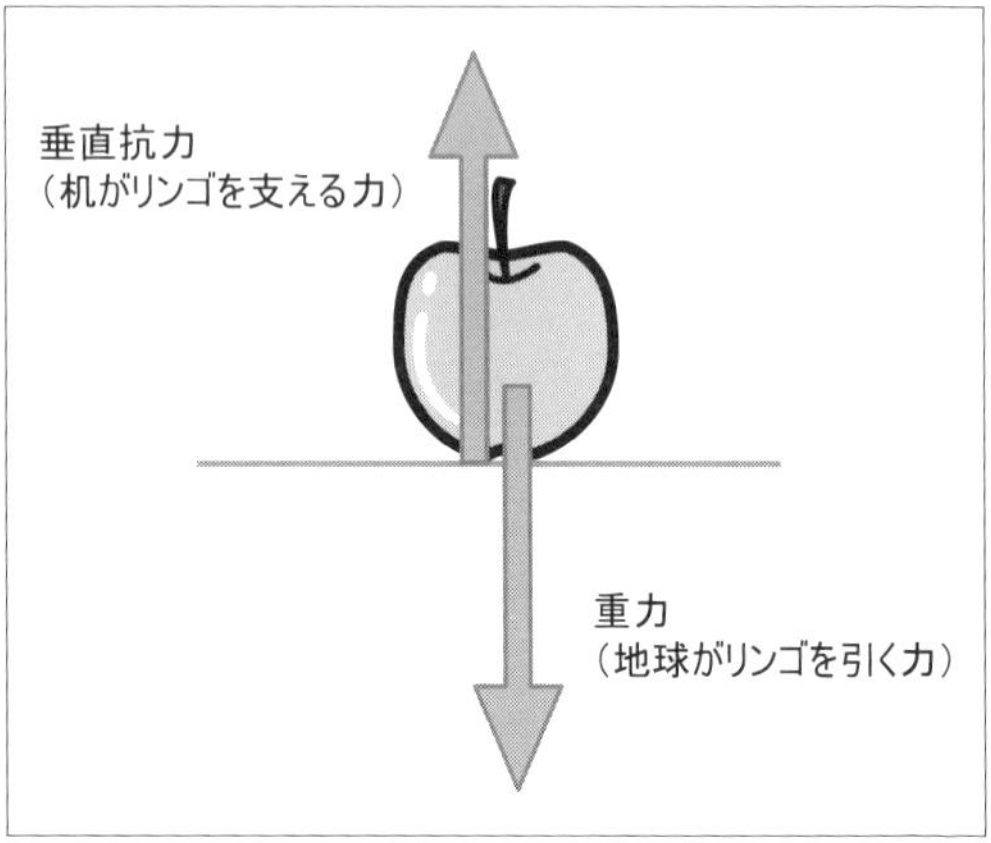


図1・4　つり合い。リンゴに逆向きで大きさの等しい2つの力が働き、つり合っている。

のでしょう？　皆さんはその理由を、きちんと力学の立場から説明できるでしょうか？

リンゴに働く力が重力だけならば、リンゴは確実に下に落ちていきます。そこで、重力を打ち消す力がなければなりません。

答えは「机がリンゴを支えている力」（垂直抗力）があるためです。これは重力と逆向きです。リンゴには「地球がリンゴを引く力」と「机がリンゴを支える力」がうまくつり合っているのです。その結果、リンゴに働く力が合計ゼロになってリンゴは机の上で静止しているのです。

このように**ひとつの物体に複数の力が働いても、それらを足し合わせてゼロになれば力が働いていないのと同じ**になります。これは力がベクトルだからです。これをつり合いの法則と呼びます。

これは余談ですが、「つり合いの法則」に関してしばしば見かける間違いに、「別の物体に働く力」をつり合いとする間違いがあります。例えばお父さんが子供を背中におんぶしている時、子

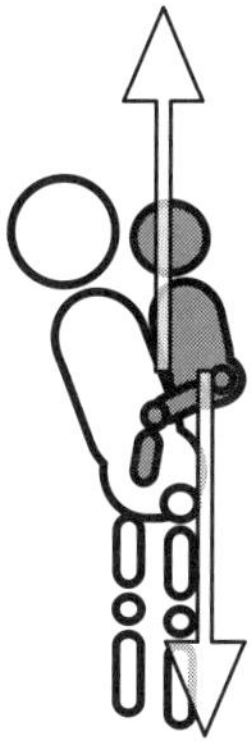


供が地上に落ちないのは「重力（地球が子供を引っ張る力）」と「お父さんが子供を支える力」がつり合っているからです。どちらも子供に働く力です。決して「重力」と「床がお父さんを支える力」など、子供と大人に働く力を「つり合い」としてはいけません。あくまで一つの物体、この場合は「子供に働く力」だけに注目します。

## 作用反作用の法則

つり合いの法則では「ひとつの物体に働く力」に注目しました。こんどは「2つの物体の間に働く力」の面白い性質を紹介しましょう。

私たちの未来がまわりの人との関わりによって影響を受けるように、自然科学の世界でも未来はまわりの物体との関わりによって影響を受けます。それではまわりの物体とどのように関係するのでしょう。

例として、磁石を考えましょう。磁石はN極どうし、もしくはS極どうしは互いに反発し合います。この時、2つの磁石は反発し合うので、2つの力の向きは逆向きです。そして同じ大きさの力で反発し合います。

一方、磁石はN極とS極は互いに引き合います。この時、2つの磁石は引き合うのですが、やはりこの時も2つの力の向きは逆向きです。そして同じ大きさの力で引き合います。

この性質は何も磁石に限った事ではありません。一般に、**「2つの物体の間に働く力はいつも大きさが等しく逆向き」**になるのです。これを作用反作用の法則と言います。片方が作用ならもう片方が反作用です。

直感的には「押したら同じ力で押し返される」「綱引きなどで引っ張ると同じ力で引っ張られる」と理解すればいいでしょう。

磁石以外に2つの物体に働く作用反作用にはどんなものがあるのでしょう？　以下の例について「2つの物体は何か」に注目して調べてみましょう。

まずはじめに、先ほどと同じ子供がお父さんにおんぶされている状況を考えます。この時、「お父さんが子供を支える力」の反作用を探してみましょう。

いま、2つの物体はお父さんと子供です。「お父さんが子供を支える力」はお父さんから子供に働く力ですから、逆に子供からお父さんに働く力を考えます。つまり答えは「子供がお父さんを押す力」です。どうでしょう。できましたか？

今度は机の上のリンゴを考えてみましょう。「机がリンゴを支える力」を考えます。この反作用はなんでしょうか？

いま、机とリンゴを考えているので、重力などを持ち出してはいけません。机とリンゴのみに注目します。そして「机がリンゴを支える力」は机からリンゴに働く力なので、逆にリンゴから机に働く力を考えます。答えは「リンゴが机を押す力」となります。

どうでしょう？　作用反作用の力を理解できたでしょうか？

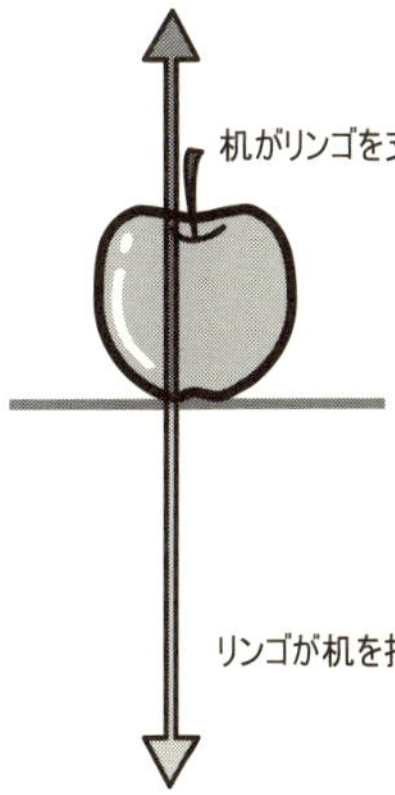


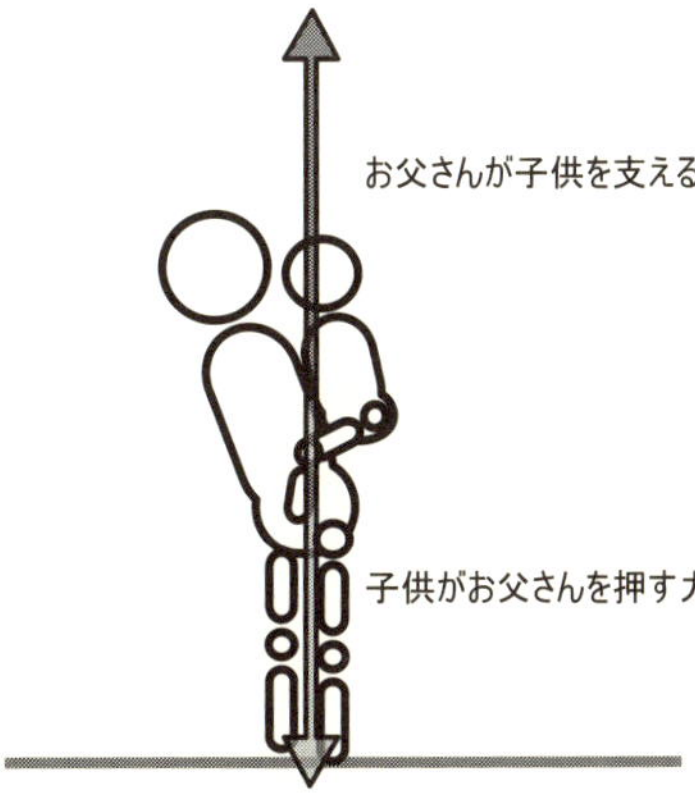

## 未来を解き明かす3つの法則――ニュートンの運動の法則

さて、これまでいろいろな運動に関する法則を紹介してきました。この中で、つり合いの法則は単なる力がベクトルであるという事で数学的に説明できます。また、加速度から未来を知るという事も数学的に説明できます。そこで、今後は数学の法則ではなく、自然科学の法則だけに注目しましょう。すると未来を解き明かす自然科学の法則としてまとめられているのは以下の3つです。

未来を解き明かす3つの運動法則
1　慣性の法則　2　運動方程式　3　作用反作用の法則

これを**ニュートンの運動の3法則**などと言います。この3法則で作られる力学をニュートン力学と言います。19世紀には、この世界のすべての運動と未来がたったこの3つの法則で決まると考えられていました。惑星の運動やボールの運動など物の運動と未来は一見複雑そうに見えますが、大本をたどるとこの3つの法則で決まるのです。つまり、**「未来を解き明かす3つの法則」**と考えられていたのです。

## ニュートンと万有引力

「未来を解き明かす方程式」である運動方程式では、「力」が重要な役割を果たす事がわかりました。つまり、力を詳しく知る事が未来を知る事につながるのです。それではこの世界にはどんな力があるのでしょう？　身近な力に、物が落ちるときなどに働く重力があります。そこでまず、重力の性質を詳しく調べましょう。

重力には「すべての質量を持つ物は互いに引き合う」性質があります。そのため、万有引力とも言います。これはニュートンによって発見されたと言われています。

例えば太陽の周りを地球が回っている理由は、太陽が地球を重力で引っ張っているためです。そして作用反作用の法則から、逆に同じ大きさの重力で地球は太陽を引っ張っています。

地球上のリンゴが下に落ちる理由は、地球がリンゴを重力で引っ張っているためです。そしてこれも作用反作用の法則により、逆にリンゴは地球を同じ大きさの重力で引っ張っています。

## 〈参考〉どんな人間どうしもお互いに引き合っている

さらに言えば、人間（太郎君としましょう）の近くにリンゴがあったとすると、どちらも質量を持つので**リンゴと太郎君の間にはわずかな力ですが、重力が働いてお互いに引き合っているのです**。リンゴと太郎君（人間）がお互いに引き合っているといってもピンと来ないかもしれません。実際、私たちがリンゴに近づいても、リンゴから何の引力も感じません。そこでどれくらいの重力がリンゴと太郎君の間に働いているのか、具体的にこの引き合う力を求めてみましょう。

物1、物2の間の働く万有引力の式は

$$\text{万有引力} = \text{万有引力定数} \times \frac{\text{物1の質量} \times \text{物2の質量}}{\text{物1と物2の間の距離}^2}$$

で与えられます。

ここで万有引力定数の値は重要ではありません。重要なのは、この式から質量が軽かろうが確かに万有引力は働くということがわかる事です。

計算の詳細は省略しますが（詳しく知りたい方は巻末の付録を参照してください）、太郎君の質量を60kg、リンゴの質量を100g、リンゴと太郎君の間の距離を1mとすると、リンゴと地球に働く重力（万有引力）のなんと100億分の4倍の万有引力がリンゴと太郎君の間には働いているのです。

こんな力はあまりにも小さく、実際には体感する事はできません。しかし、確かに太郎君とリンゴの間は、かすかですが1億分の4gに相当する地球の重力と同じ力で引き合っているのです。

読者の皆さんと近くにいるお友達の間にも、ごくわずかですが重力が働いて、お互いに引き合っているのです。例えば自分と傍にいる友達が2人とも60kgで1m離れているとしましょう。すると2人の間は、およそ10万分の2～3g程度の地球の重力に相当する力でお互いに引き合っているのです。なんだか不思議ですね。

## 身近な接触する力は電磁気力

先ほど、この世界の力の例として重力を学びました。しかし、身近な世界を見ると重力では説明できない力もあります。例えば机がリンゴを支える力、お父さんが子供を支える力、そして摩擦力など、私たちの身近にあるこれらの様々な力は重力ではありません。これらの力の正体は一体何でしょうか？

そこでまず、子供がお父さんにおんぶされている例を再び詳しく考えましょう。この時、お父さんは子供を支えています。この支えている力の正体はいったい何でしょう？

お父さんと子供を拡大してみます。どんどん拡大していくと、「原子」があります。原子は原子核のまわりをマイナスの電気をもつ「電子」がくるくる回っています。そして原子核には、プラスの電気を持つ「陽子」があります。私たちの身の回りの電気は主にこの「電子」と「陽子」から出来ているのです。

つまり、私たちはプラスとマイナスの電気を内部に持った「原子」から出来ているのです。プラスの電気は反発しあい、プラスとマイナスの電気は引き合います。そのため、お父さんが子供をおんぶしたりすると、原子どうしが近づいて電気の力が働き始めます。ここから子供を支えるお父さんと子供の間に働く力は電気力という事になります。

私たちの身近な物は、すべて原子で出来ています。他にもコップを持ったり、壁に手をついたり、摩擦、抗力や何かを触った時の感触は、すべて大本をたどると原子の中の電気の力なのです。

さて、電気の力に似た力に「磁石の力」があります。しかし、これは後で詳しく説明しますが、「電磁石」は電気を流すと磁石ができます。つまり、電気の力と磁石の力は切り離せないように見えます。そこで電気の力と磁石の力を合わせて電磁気力と言います。先ほどの電気力も電磁気力と言った方がいいでしょう。

以上をまとめると、**「身近な重力以外の力は電**

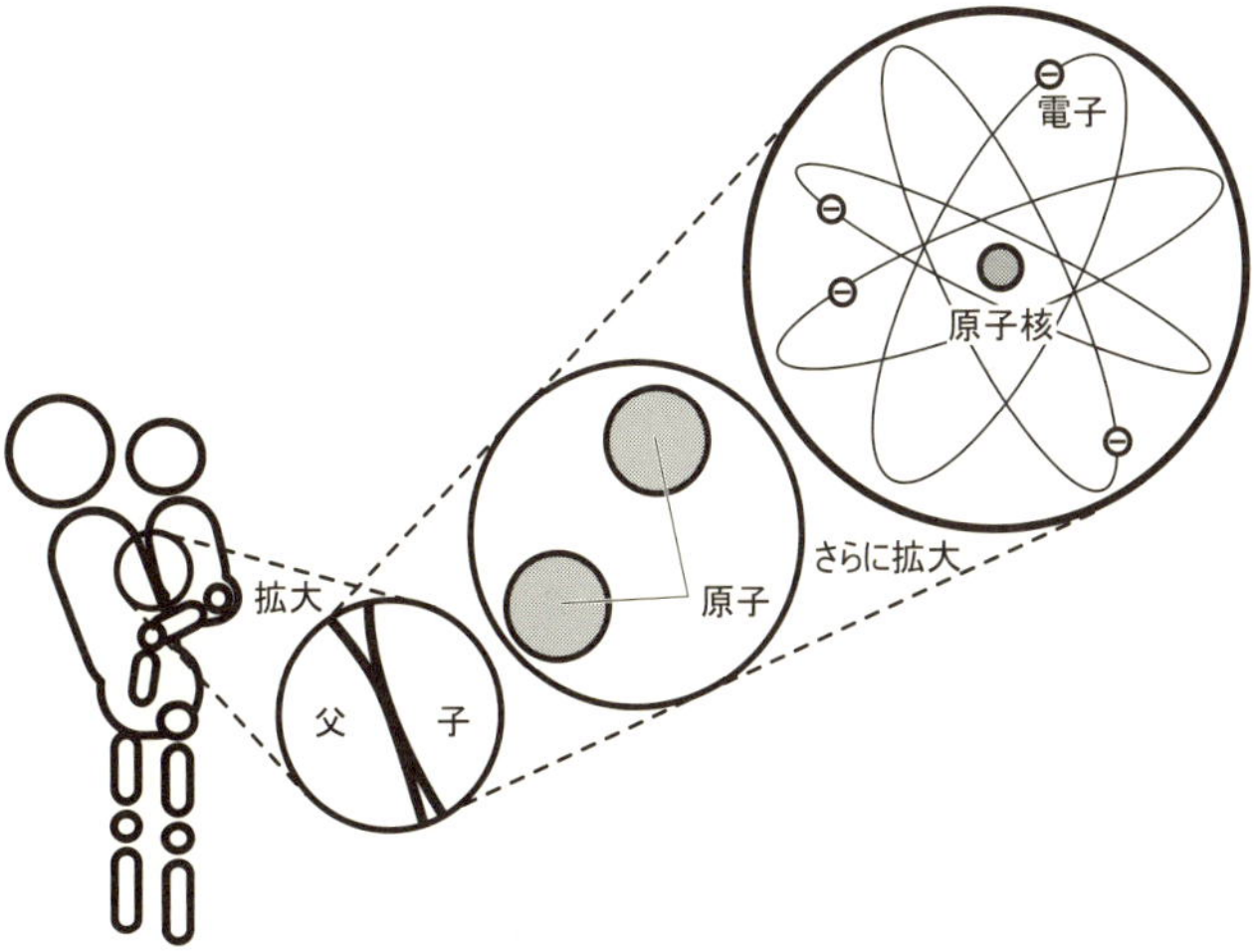

磁気力」という事になります。摩擦力も私たちが誰かに押された時に感じる力もリンゴを持った時に感じる力も、すべて電磁気力なのです。

## 原子核には強い力がある

さて、身近な力はすべて重力と電磁気力だけという事になりましたが、しかし他の種類の力はないのでしょうか？　実は原子核の中に他の力があるのです。

原子核は陽子と中性子から出来ています。例えば私たちが生きる上で必須の酸素原子核は、基本的には陽子8個、中性子8個から出来ています。

陽子はプラスの電気を持つので、互いに反発し合います。ここでひとつ疑問がわきます。陽子がプラスの電気を持っているのなら、互いに反発し合うので、原子核の中に閉じこもっていられないのではという疑問です。

実際、もしも電磁気力だけならば原子核の中のプラスの電気を持った陽子は電磁気力で反発しあってバラバラになってしまい、酸素などの原子核は作られません。原子核が存在するためには、反発し合う陽子を閉じ込める何か強大な力が必要なのです。

その強大な力が原子核の中で働く「強い力」という力です。この力は0.000000000000001m（ゼロが15個！）程度の範囲でしか働きませんが、ものすごく強い力がある事がわかっています。この強い力によってプラスの電気を持った陽子が原子核の中に閉じ込められているのです。

## もう一つの弱い力がある――すべての力は4つの力

これで「重力」「電磁気力」「強い力」の3つを紹介しました。ほかに力はないのでしょうか？「ニュートリノ」と呼ばれる素粒子があります。このニュートリノは電磁気力、強い力のいずれも働きません。ニュートリノの間には「弱い力」という力が働く事がわかっています。力の大きさは、電磁気力の1000分の1程度です。弱い力は0.000000000000000001m（ゼロが18個！）程度の小さな世界でしか働きません。この弱い力はニュートリノ以外の様々な素粒子の間にも働く事がわかっています。

私たちの世界の力はこの「重力」「電磁気力」「強い力」「弱い力」の4つで出来ています。つまり、私たちが日常的に体験している重力と電磁気力、そして素粒子などの小さな世界でのみ働く「強い力」と「弱い力」です。この世界のいろんな力は全て、この4つのうちのいずれかなのです。

## コラム　未来はすべて決まっている?——ラプラスの魔物

さて、私たちは「運動方程式」という未来を厳密に知る方程式を手に入れました。ある物体に働く力と、現在の状態（速度、位置）を知れば、その物体の未来は運動方程式を使って時間を少しずつ進めていくとすべてわかるのです。

それならば私たちの未来は全部決まっているのでしょうか?

今、次のような例を考えましょう。ボールを投げた時の未来はこれまで紹介してきたように、運動方程式を使って時間を少しずつ進めていくとすべてわかります。ボールの数が増えると、計算はややこしくなりますが、原理的には運動方程式を使って時間を少しずつ進めていくとボールの未来はわかります。

一方、私たちは原子や分子からできているという事がわかっています。それならば、原子や分子も運動方程式を使って時間を少しずつ進める事ができれば、原子や分子、さらには私たちの未来もわかりそうです。実際には分子の数が膨大なので計算は技術的には困難ですが、そういった計算ができれば、未来がわかるはずです。つまり、ニュートン力学は**「未来はすべて決定済みだ」**という事を主張しているのです。

このようなニュートン力学に沿った主張をした人に、ラプラスという科学者がいます。ラプラスという科学者は、「未来はすべて決定済みだ」と主張しました。ニュートンの運動の3法則によって、すべての未来が決まるからです。

これに関して、自然科学の世界では、現在の物質の様子から運動の3法則を使って未来を予言する様子を「ラプラスの魔物」と表現する事もあります。たしかに占いならまだしも、自然科学の立場から自分たちの未来を予言されたらちょっと怖いですね。

しかしながら20世紀に入り、「量子力学」という力学が誕生します。この本でも最後の章でさわりだけ紹介しますが、原子などの微小な世界ではニュートン力学が成り立たないのです。そのかわり、「量子力学」という力学が成り立つ事が広く知られています。

量子力学はニュートンの運動の法則からは出てきません。まったく新しい力学なのです。量子力学では未来について驚くべき主張をします。量子力学によれば、なんと**「未来はさまざまな可能性があり、どの未来になるかは確率的にきまる」**とされています。つまり、未来は1つに決定していないのです。

突然こんな事を言われても驚くかもしれません。当然です。なるほど！　と一度聞いただけで納得できる人はむしろ少ないでしょう。実際、量子力学が出てきた時、たくさんの論争がありました。

しかしながら、今ではこの「量子力学」は広く人々に受け入れられ、電子などを学ぶ理工系大学で沢山の学生が学び、そして半導体などの電子部品などに使われています。つまり、最先端の理論ではなく、普通の理系大学生が学ぶ理論なのです。この本でも量子力学のいくつかを最後の章で学びます。

# 第2章

# エネルギーとはなんだろう？

## 「エネルギー」と「変わらないもの」の関係

前章では私たちの世界がニュートンの運動の法則のみで成立しているならば、運動方程式を使って少しずつ時間を進めていく事により、未来の事は原理的にはすべてわかるという事を紹介しました。それならば力学はこれで終わりなのでしょうか？

そんな事はありません。物事はいろんな側面から見てみる事により、新たな展開がある事がしばしばあるのです。そこで「未来を解き明かす」第1章から、話題を変えて第2章では「変わらないもの」に注目してみます。

「変わらないもの」？　とびっくりするかもしれません。

しかし、読者の皆さんは「変わらないもの」に憧れを感じる事はないでしょうか？　夜に星空を見上げると、この宇宙は「変わらないもの」のようにも見えます。楽しいひと時を過ごしている時は、「この時間が永遠に続けばいいのに！」と思ったりする事もあるでしょう。

こんな風にいうと、「変わらないものが自然科学と何の関係があるの！」という声が聞こえてきそうです。

しかし、自然科学の世界ではしばしばこの「変わらないもの」がとても重要になるのです。この本でもこれから様々な「変わらないもの」を紹介していきます。「変わらないもの」を見つける事によって、自然の様々な事がわかるようになるのです。

身近な世界で「変わらないもの」の例に「質量」があります。読者の方の多くは学生の時に「質量保存の法則」という法則を使って、いろんな問題を解いた事があるでしょう。これこそ「変わらないもの」が重要な役割を果たすとても簡単でかつ教訓的な例です。

ほら、どうでしょう？「変わらないもの」が重要であるような気分になってきたでしょうか？質量の他の、身近な世界で変わらないものの例に、本章で紹介する「エネルギー」があります。「エネルギー」も「変わらないもの」のひとつなのです。つまり、「エネルギー保存則」という法則があるのです。

エネルギーを知ると、ニュートンの運動の法則だけではわからない事も含めて、自然の様々な事がわかるようになります。例えば第1章のコラムで紹介した微小な世界の量子力学の世界ではニュートンの運動の法則が成り立たない事を指摘しましたが、実はエネルギーはそういう微小な世界でも重要な役割を果たすのです。

そこでこの章では「変わらないもの」のひとつである「エネルギー」をきちんと学んでおきま

しょう。

それではそもそもエネルギーとはなんでしょうか？　例えば電気製品を動かすのに必要な電気のエネルギーにはいろいろなエネルギーがあります。今、本を読んでいる読者の皆さんのそばにある蛍光灯は光のエネルギーもエネルギーです。テレビをつけると、テレビから光のエネルギーに加えて音のエネルギーを出しています。お湯を沸かすと熱のエネルギー、さらには自動車を動かすと、運動のエネルギーも出てきます。いたるところにエネルギーはあるのです。

などもあります。いたるところにエネルギーはあるのです。

しかしながら、これらのエネルギーがどういったものなのか、きちんと学んだ事がある人は少ないでしょう。そこでここではまず、この「エネルギーとは」の問いかけに答えていきましょう。

## エネルギーは仕事をすると生まれる

エネルギーとはどのようにして生まれるのでしょうか？　結論から言うと実は仕事をするとエネルギーが生まれるのです。その事を物が動いた時にできる「運動エネルギー」を通じて学んでいきましょう。

道路を走る自動車は「運動エネルギー」を持っています。確かに止まっている自動車よりも、動いている自動車の方がエネルギーがありそうです。さらに同じ動いている自動車ならば、軽い軽自動車よりもトラックのような重い自動車の方がエネルギーがありそうです。実際、運動エネルギーは

$$運動エネルギー = \frac{1}{2}質量 \times 速度^2 \quad (1)$$

となり、重く速く動くものほど運動エネルギーを持つ事が知られています。

さて、それではこの運動エネルギーがどのように作られるか、検証してみましょう。

今、床の上のボールを押してみます。小さな力で押しても摩擦力のため動きません。しかし、ある程度大きな力で押すと、ボールは動き始めます。この時、ボールは動いているので「運動エネルギー」を持つ事になります。

これで運動エネルギーができました。あっけないくらい簡単でしたね。

それではこの運動エネルギーに必要なものを確認してみましょう。まずは「力」が必要です。

しかし力を加えてもボールが動かないと止まったままなので速度ゼロで式（1）より運動エネルギーはゼロです。つまり、力だけあっても運動エネルギーはできないのです。

運動エネルギーができるためには力に加えてもう一つ必要な事があります。それは、その力の方向に進む事です。そうすれば動き始めるので速度を持ち、式（1）より運動エネルギーができます。

ここでボールが力の向きに進んでいくと、進めば進むほどボールは加速して速度は大きくなります。つまり、力の向きに動くほど運動エネルギーは大きくなります。

結局、

力 × 力の方向に動いた距離　（2）

によってエネルギーが作られるのです（ここでは簡単のため、ボールの回転のエネルギーなどは無視しています）。

これは直感的には「仕事」と言えばわかりやすいかもしれません。ただし力を加えても動かなければ仕事をしていないのと同じです。つまり、エネルギーの世界では努力をしたか（力を加えたか）という事よりも結果（それで実際に動いたか）が重視されるのです。力を加えて動いて初めて「仕事した」となるのです。

実際、自然科学の世界では式（2）は「仕事」と呼ばれます。仕事をする事によって、エネルギーが生まれるのです。

「仕事＝力×力の方向に動いた距離」によってエネルギーが生まれる。

## 位置エネルギーとその他のエネルギー

運動エネルギーを通じて仕事からエネルギーが生まれる事を紹介しました。今度はもうひとつ、「位置エネルギー」と呼ばれる重要なエネルギーを紹介しましょう。今、次のようなクイズを考えてみます。

高いところにあるボールと、低いところにあるボール、どちらがエネルギーがある？

どうでしょう？　もちろん高いところの方が直感的にエネルギーがありそうですね。実際、高いところからボールを落とすと、地上付近では速い速度になっています。実はこの直感は正しいのです。実際に、高いところのボールの方がエネルギーがあります。これを（「高さエネルギー」とは言わずに）位置エネルギーと言います。

この位置エネルギーを先ほどのエネルギーを作る式「力×力の方向に動いた距離」によって確認してみましょう。今、ボールをある高さのところまで持ち上げてみましょう。ボールにかかる力は重力です。これをある高さのところまで持ち上げると、

重力 × 高さ

だけ仕事します。その結果、ボールは「重力×高さ」だけの位置エネルギーを持ちます。

ただし、ここで注意する事がひとつあります。今「高さ」を使いましたが、「高さ」はどこから測るかによって変わってしまいます。床からの高さなのか、机からの高さなのかなど、「高さ」に絶対的な高さはないのです。そのため、位置エネルギーは「どこからの高さ」を考えるかによって値は変わってくるのです。

以上、運動エネルギーと位置エネルギーを紹介しました。熱や電気については後の章で学ぶのでここでは詳しい説明を省略しますが、熱エネルギーや電気エネルギーも基本的にはこのように「仕事をして」エネルギーができるのです。直感的には仕事を蓄えておくものがエネルギーと考

えてもいいでしょう。

## エネルギーは入れ替わる

さて、エネルギーにはいろいろなものがある事がわかりましたが、これらのエネルギーには面白い性質があります。実はエネルギーには「他のエネルギー」に変化する事ができる性質があるのです。

例をあげましょう。

ある高さにあるボールを静かに落としてみる状況を考えてみます。

ボールが落ち始める前はボールは静止していますから、運動エネルギーはゼロです。その一方で位置エネルギーは「重力×高さ」だけの位置エネルギーを持っています。

次にボールを静かに落とすと、だんだんボールの高さは小さくなるのでボールの位置エネルギーは小さくなります。しかし、落ちるにつれてボールは速く動き出します。つまり、運動エネルギーは逆にゼロから大きくなったのです。

これはボールの位置エネルギーが運動エネルギーに入れ替わったと考える事ができます。このように、エネルギーは様々なものに姿を変えるのです。

このような身近な例は電気エネルギーです。私たちは毎日、電気エネルギーを使って照明の光のエネルギーを得たり、エアコンの暖房の熱エネルギーを得たりしています。エネルギーを電気エネルギーの形で作っておけば、電気エネルギーを他のエネルギーに変えて様々な電気製品を動かす事ができるわけです。

## 「変わらないもの」が重要なわけ

さて、ここまでエネルギーについていくつか明らかにしてきましたが、「そもそも運動の法則で運動の様子は全てわかっているのに、何故エネルギーが重要なの？」というこの章の最初の疑問に立ち戻りましょう。

私たちはしばしば「変わらないもの」を求める事があります。永遠とかそういうものです。この「変わらないもの」というものは自然科学の世界では意外にもとても重要な役割を果たすのです。

身近な変わらないものが重要な役割を演じる例をあげましょう。

> 今、ある4人家族の家に全部で1リットルのジュースのびんがあったとしましょう。ある朝このジュースのびんを開け、家族4人でコップ一杯ずつ飲みました。家族が飲んだジュースは何mℓでしょう？　ただし、びんには200mℓのジュースが残っています。

この答えを調べるひとつの方法は、家族がそれぞれジュースをどれだけ飲んだかを調べる事です。

しかし、そんな事をしなくても答えは明らかです。ジュースは全部で1リットルで、今200mℓのジュースが残っているので、1000−200＝800で800mℓが答えです。このように、「ジュースは全部で1リットル」とわかっているので「残ったジュースが200mℓ」とわかれば家族それぞれが具体的にどれだけ飲んだかに関係なく、簡単な引き算をして家族が飲んだジュースの量がわかるのです。

実はここでは「ジュースの合計の量は1リットル」という保存則を使っているのです。このように何か保存するものを発見すると、答えがすぐに見つかる事があるのです。

## エネルギー保存則――全エネルギーは変わらない

実はエネルギーもこのジュースと似た性質があります。つまり、全エネルギーは全ジュースの量のように変わらないのです。これをエネルギー保存の法則と言います。

いま、このエネルギー保存をブランコに乗る子供を例に考えてみましょう。運動エネルギーと位置エネルギーの合計が全エネルギーです。この時、エネルギーがどうなるかよく見てみましょう。

ブランコに乗る子供は一番低い所にいる時は速く動き、高くなるにつれてゆっくり動き、さらに高くなると止まって逆方向に動き出します。

一番低い所にいる時は、高さが低いので位置エネルギーが小さく、速く動いている事から運動エネルギーが大きい事になります。そしてブランコが高くなるにつれて位置エネルギーが大きくなるので、代わりに運動エネルギーが小さくなってゆっくり動くようになるのです。

この時、どちらも「全エネルギー＝運動エネルギー＋位置エネルギー」は一定になっているのです。

## エネルギー保存則を使うと問題が簡単に解ける

このエネルギー保存の法則を使って、次の問題を解いてみましょう。

> 今、ジェットコースターがある高さで静止しています。その後ジェットコースターはレールを落下しはじめ、いろいろ動き回った挙句、はじめより20m低いところに来ました。ジェットコースターの速度はいくらでしょうか?

この問題を運動方程式を使って調べようとすると大変です。何故なら運動方程式では、運動方程式で加速度を求めてそこから速度を求めてジェットコースターがどれだけ動くかを、時間を少しずつ進めながら調べていかなくてはなりません。これは、とても大変な事です。さらに、この問題ではレールの様子も何も書かれていないので、「ジェットコースターに働く力」すらわかりません。これでは運動方程式すら作れません。

しかし、「変わらないもの」つまり「エネルギー保存」に注目すれば、途中でどんな事が起こっ

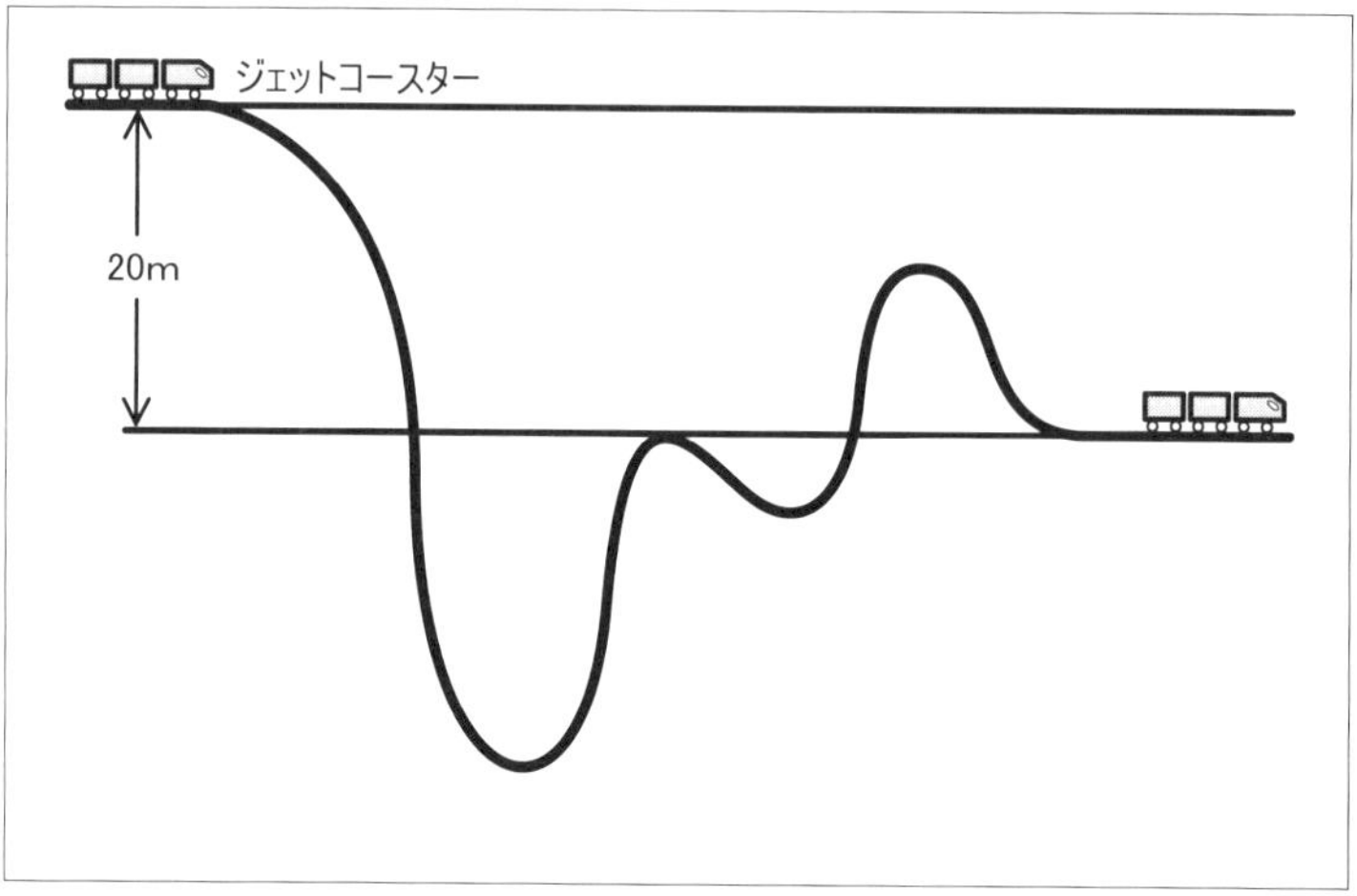


図2・1　ジェットコースターの速度は？

たか詳細がよくわからなくてもいいのです。何故かというと、最初と最後の高低差だけわかれば位置エネルギーの減少分がわかりますが、これが運動エネルギーになるので運動エネルギーがわかり、速度がわかるのです。

今の問題では20m低いところに来たわけですから、位置エネルギーが「重力×高さ20m」だけ減ります。これが運動エネルギーになるので、

「$\frac{1}{2}$×質量×速度$^2$＝重力×高さ」となります。

ここで重力は地上付近では運動方程式から重力＝質量×加速度＝質量×重力加速度（10m/秒$^2$）で近似できるので、

「$\frac{1}{2}$×質量×速度$^2$＝質量×重力加速度×高さ」

となりますが、両辺の質量が打ち消しあうので

$速度^2 = 2 \times 重力加速度 \times 高さ$

になります。ここで重力加速度10m/秒$^2$、高さ20mを代入して、$速度^2 = 2 \times 10 \times 20 = 400$となります。よって、速度＝20m/秒と簡単に求まります。このようにして未来を解き明かす運動方程式を使わなくてもジェットコースターは20m/秒の速度になっている事がめでたくわかりました。

このように、運動方程式では調べる事が難しい様々な問題を、「エネルギー保存則」などの保存法則を使って解いてしまう事がしばしばあります。自然の法則では何か「変わらないもの」を見つける事がとても重要なのです。

## エネルギー保存則はニュートン力学を超える！

さて、このエネルギー保存則は法則として持ち出しましたが、そもそも運動の3法則から証明できないものなのでしょうか？　ニュートン力学の範囲であれば、すべての運動はニュートンの運動の3法則から説明できるはずです。実はエネルギー保存則も高校レベルの数学を使うと、運動方程式から導く事ができるのです。

ところがエネルギーやエネルギー保存則は、第1章のコラムで紹介したニュートン力学が成り立たない微小な世界で重要になる量子力学の世界でも出てくるのです。という事は、エネルギー保存則が運動の法則で証明されるならば、ニュートンの運動の法則が使えない原子の世界などではエネルギー保存則はどうなるのかという問題が生じるのです。

しかしながら、本書の範囲を超えるので割愛しますが、実は原子のような微小な、ニュートン力学が成立しない世界でも、エネルギー保存の法則は成り立っているのです。

エネルギー保存則はニュートン力学を超えたより広い範囲で成り立つ大変重要な法則なのです。

## コラム　質量がエネルギーに！――アインシュタインと$E=mc^2$

この章でエネルギーは「変わらないもの」として紹介しました。私たちの世界には変わらないものはたくさんあります。例えば変わらないものとして本書でも紹介した、「質量」があります。

それでは本当にエネルギーや質量は「変わらないもの」なのでしょうか？　質量が消えてなくなったり、エネルギーがなくなったりする事は本当にないのでしょうか？

普通に考えるとそんな事あるはずがないと思うかもしれません。

しかし、20世紀になって、あの「相対性理論」で有名なアインシュタインはこの常識をたった1つの簡単かつ有名な方程式で否定してしまいました。その方程式とは

$E = mc^2$（エネルギー＝質量×光の速さ$^2$）

です。この方程式はものすごく簡単な式ですが、その意味するところはすごく深いものです。

この式に従えば、例えば1kgの質量が 1kg×光の速さ$^2$ だけのエネルギーになってしまうのです。

質量がエネルギーになる？と言うとそんな事あるわけないと思うかもしれません。しかしながら、原子爆弾を思い出してみてください。あの原子爆弾では実はまさに質量が消滅してエネルギーになる事によってあの莫大なエネルギーを得ているのです。本当に質量はなくなって爆発のエネルギーになるのです。

もしも質量が１gなくなってエネルギーになったとすると、なんと21・5兆カロリーのエネルギーを持ちます。すごいですね。だから原子爆弾の威力は強いのです。

$E = mc^2$ に代表される相対性理論。当然これもニュートンの運動の法則からは出てき

ません。

20世紀はニュートンの運動の法則を超える、「相対性理論」と第1章のコラムでも紹介した「量子力学」という2つの自然科学上の革命がおこったのです。

# 第3章

# もうひとつの変わらないもの「運動量」

## 「勢い」はとても大事──運動量とは？

第3章では「変わらないもの」としてエネルギーを学びました。私たちの世界には、エネルギーと関連したもうひとつの「変わらないもの」がある事が知られています。それは、「運動量」と呼ばれるものです。運動量とは、直感的には「勢い」のようなものです。

それではそもそも「勢い」(運動量)とはどんなものなのでしょうか？

まず、駐車場に止まっている車はとても重そうです。しかしながら止まっているので勢いはありません。どんなに重くても、止まっていれば勢いはないのです。

しかしながら大きな道路の歩道から車道を見ると、車が勢いよく走っている様子を見る事ができます。つまり、身の回りの動いている物には勢いがあるのです。さらに、同じ自動車であれば、一般道の自動車よりも高速道路を走っている車の方が勢いがありそうです。ここから勢いには速さが関係ありそうです。

さらに、勢いには向きも関係してきます。例えば右向きに走る車は右向きの勢い、左向きに走る車は左向きの勢いがあります。そこで勢いは向きをもつ「ベクトル」で表します。つまり、速さを速度ベクトルで表しましょう。

さらにもうひとつ。同じスピードでも、軽い軽自動車よりも重いトラックの方が勢いがありそうです。つまり、質量も勢いに関係してきます。そこで、運動量（勢い）を

運動量 ＝ 質量 × 速度

と定義します。このように運動量を表すと、直感的にも運動量が勢いを表している事がこれまでの説明からわかると思います。さらには運動量が速度ベクトルと同じ向きのベクトルである事もわかります。

ちなみに運動量は「勢い」と説明しましたが、これはより正確には「物体の慣性」と言い表されます。慣性の立場から見ると、物体は重くて速度が大きいほど慣性が大きいため、止まりにくいのです。運動量は入門的な立場からは「勢い」、科学が得意な方は「慣性」という立場から理解しましょう。

# 運動量と力の関係

それでは運動量はどのようにして作られるのでしょう？　運動量には速度が含まれています。第1章で、止まっている物を動かすためには力が必要である事を紹介しました。そこで、運動量を作るためには力が必要と考えられます。力を加えれば、物は動き出して速度を持つようになるので運動量ができるからです。

しかし、これと似たものに第2章で紹介したエネルギーがあります。そこで、第2章のエネルギーの場合と比較してみましょう。

エネルギーは「力×力の方向に動いた距離」によって生まれました。

運動量はエネルギーと似ていますが、少し違います。運動量は

「力 × 力を加えた時間」

によって生まれます。

これは、例えば自動車などをアクセルを踏んで力を加えて加速すると、アクセルを踏んでいる

時間が長いほど車の勢い（運動量）は増していく事からも、力を加える時間が長いほど運動量が増す事が直感的に理解できます。この時、車は「力×力を加えた時間」だけ勢い（運動量）が増えていくのです。また、力（ベクトル）に力を加えた時間をかけたものはベクトル（向きと大きさを持つ）なので、運動量も向きを持つベクトルとなります。つまり、右向きの勢いとか左向きの勢いなど、運動量は向きも表すのです。

## 運動量も入れ替わる？——速いボールを投げる方法は？

運動量もエネルギーと同じように入れ替わる性質があります。しかしながら、エネルギーの場合はひとつのリンゴが落下するとき、重力の位置エネルギーが運動エネルギーに入れ替わるといったエネルギーの入れ替わりがありましたが、運動量の場合は位置エネルギーに相当する「重力の位置運動量」というものはありません。単に力が働くと速度が増すので運動量がどんどん増えていくだけです。ですから、エネルギーの場合と違って、一つの物だけを考えていたのでは、「運動量の入れ替え」はありません。

特に運動量が重要になるのは、2つ以上のものが衝突したときです。例えば野球において打者がバットでボールを打つとボールが飛んでいくのは、バットからボールに力がある時間働き、「バットからボールに働いた力×力が働いた時間」だけボールに勢い（運動量）が移るからです。しかしながら反動で（作用反作用の法則により）ボールからバットにも力が同じ時間だけ働きます。その分、バットの勢い（運動量）は減ります。このようにして勢い（運動量）の一部がバットからボールに移り変わるのです。

サッカー、テニスなども、選手の足、ラケットの運動量（勢い）の一部が、ボールとの衝突によりボールに移り変わってボールは運動量（勢い）を持つわけです。このように、スポーツのボールは「運動量の入れ替え」で成り立っているのです。

それではボールを勢いよく飛ばすにはどうすればいいのでしょうか？　スポーツによってテクニックは異なりますが、基本的にはバットやラケットを「十分に振り切る」事によってボールに勢いが付きます。実際、スポーツの世界では「フォロー・スルー」という言葉があります。これは、ボールを投げたりするとき、手やラケットを「十分に振り切る事」を言います。十分に振り切る事によってボールに長い時間力が働くため、「力×力が働いた時間」で作られる勢い（運動量）が大きくなるのです。勢いのある球のからくりにもきちんと自然科学が関わっているのです。

## 床にコップを落とすと割れるわけ

「運動量＝力×力が働いた時間」を学んだので、ここでこの式が関わる身近な例を紹介しましょう。皆さんはデジカメやガラスのコップなどを床に落として壊してしまった事はないでしょうか？ガラスのコップを床に落とすと、たいていは壊れてしまいます。しかしながら、厚いクッションが置いてあるソファーの上にガラスのコップを落としても、大抵は壊れません（ただし壊れるといけないので実際に試さないでくださいね）。それでは何故、床に落とすと壊れてクッションに落とすと壊れにくいのでしょう？この身近で当たり前にも見えるこれらの現象の理由をうまく説明できるでしょうか？

実はこの現象も運動量を使うと説明ができます。運動量の立場から見ると、落としたガラスコップが床もしくはクッションの上で静止するためには、ガラスコップの勢いを止める必要があります。そのために床もしくはクッションからガラスコップに力がしばらく働いて、ガラスコップの勢いを止めているのです。このとき「ガラスコップの運動量（勢い）＝力×力の働いた時間」が成り立っています。

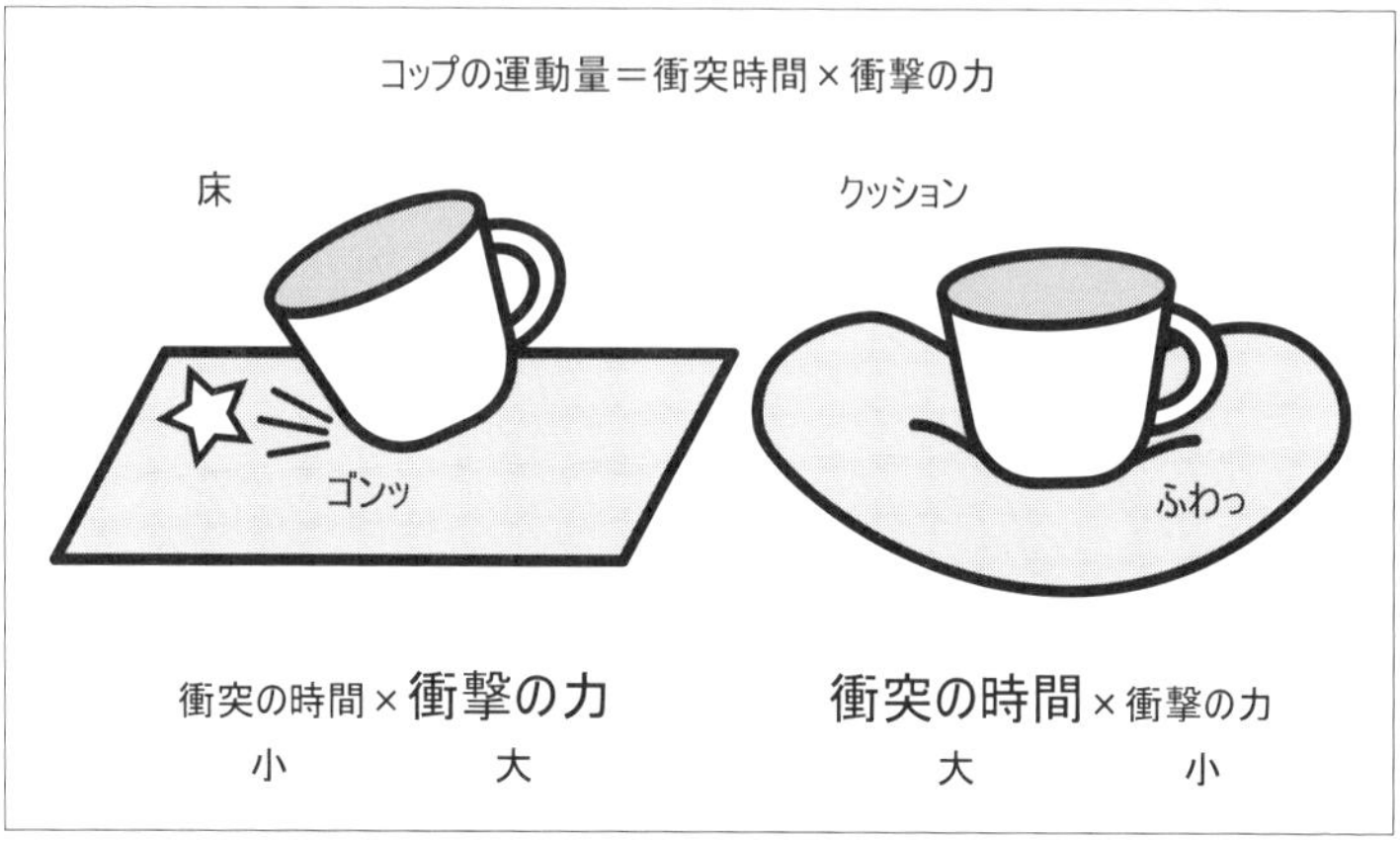


図3・1　床にコップを落とすと割れやすいわけ。

まず、床にガラスコップを落とすと壊れやすい理由を考えましょう。今、簡単のため、ガラスコップは床にぶつかって静止するとしましょう。床にガラスコップを落とした場合、床にぶつかって床から力を受けてガラスコップは床の上で止まるわけですが、固い床の場合、床にぶつかっている時間は瞬時で短いのです。

すると図3・1左図のように「ガラスコップの運動量(勢い)＝(衝撃の)力×力の働いた時間」の力の働いた時間が短いため、その分だけ力は大きくなるのです。これは直感的には「落下しているガラスコップを瞬時に止めると大きな力が働く」という風に理解できます。

一方、ソファーの上のクッションにガラスコップを落とすと、クッションとソファーによってガラスコップはゆっくり止まります。その結果、図3・1

右図のように「ガラスコップの運動量(勢い)=力×力の働いた時間」の力の働いた時間が長くなるので、力は小さくて済むのです。これも直感的には「落下しているガラスコップをゆっくり止めると、小さな力で済む」という事になります。

他の身近な例はトランポリンです。トランポリンを使うと高いところから人間が落ちてもゆっくり止まるので、小さな力ですみ、人間は大きな衝撃を感じないのです。これが普通の地面に人間が落ちると、急に止まるので大きな力（衝撃）が働きけがをします。

## 運動量保存則とエネルギー保存則の関係

さて、ここまで読んだ方の中には「確かに式は違うけど、運動エネルギーとどう違うの？」と思われる方もいらっしゃる事でしょう。たしかに一見すると、運動エネルギーも直感的には「勢い」としての側面もあると思う人もいるでしょう。先ほど紹介したクッションと床にガラス食器を落とす例にしても、クッションの場合はガラス食器が静止するのにクッションの厚みの分だけ動くので、「力×力の方向に動いた距離」の距離が大きくなるから力は小さくなるとも説明できます。それではわざわざ運動量を持ち出すご利益といったものがあるのでしょうか?

そこで、運動量のご利益のひとつを体験するために、「ビー玉をぶつける実験」を考えてみましょう。

問題「机の上に静止しているビー玉Bに左から同じ重さのビー玉Aをぶつけます。ぶつかった後、ビー玉A、Bはどうなるでしょう?」
(1)ビー玉A、Bはくっついて一緒に動き出す
(2)ビー玉Aは静止し、ビー玉Bだけ動き出す
(3)ビー玉はどちらも静止する

どうでしょう? 似たような問題、どこかで聞いた事がある人も多いのではないでしょうか?

ここで直感的にはまず(3)は間違いと考えられます。何故ならば、ビー玉は最初「勢い」があります。ところが、ぶつかった後には静止してしまうので、「勢い」がなくなってしまいます。このような「勢い」が急になくなるという事は直感的には受け入れにくいものでしょう。

運動量は「力×時間」で作られるものでした。そこで、2つのビー玉の全運動量は「2つのビー玉に働く力の合計×時間」で作られるはずです。2つのビー玉に働く力の合計はゼロです。そ

のため、全運動量、つまり勢いの合計は変わらないのです。これを運動量保存の法則と言います。

運動量保存の法則
いくつかの物体に働く力の合力がゼロならば、その物体全体の運動量は保存する

これで答えは（1）か（2）という事になります。それではどちらが正解でしょう？

実は運動量の立場から言うと、（1）も（2）もどちらも可能性があるのです。例えば静止しているビー玉Bに強力な接着剤を塗り付けておくと、ビー玉A、Bはくっついて一緒に動き出すので（1）となります。一方、跳ね返りやすいビー玉を使うと（2）のようになる場合がありますつまり、全体の勢い（運動量）は同じでも「ビー玉の跳ね返りやすさ」でいろいろ衝突の様子は変わってくるのです。

さて、ここでひとつの疑問がわきます。第2章で出てきたエネルギーの保存法則はどうなったのでしょう。

単純に考えると、

「衝突前のビー玉Aの運動エネルギー ＝ 衝突後のビー玉AとBの運動エネルギー」

になると考えられます。実はこの時は巻末の付録の説明のように、（2）の運動をします（これを弾性衝突と言います）。

しかしながら実は、このような衝突を考える際、ビー玉の材質などによってエネルギーはいろいろ姿を変えるのです。例えば（1）のように2つのビー玉がくっつくと、2つのビー玉はくるくる回ったり熱を発生したりします。これは、まっすぐ進む運動エネルギーの一部がくるくる回るエネルギーや熱などに変わった事を意味します（これを非弾性衝突と言います）。

つまり、**「衝突前のビー玉Aの運動エネルギー＝衝突後のビー玉AとBの運動エネルギー」は成り立たっていないのです。**

このようにエネルギーは、衝突すると一般には運動エネルギーだけでなく色々なエネルギーに変わる場合があるので、衝突問題を調べる際には幾分扱いにくいのです。

しかしながら、運動量は簡単に運動量の保存法則

「衝突前のビー玉Aの運動量　＝　衝突後のビー玉Aとビー玉Bの運動量」

が成り立つので大変扱いやすく、便利なのです。

## 運動量と運動エネルギーの違い——ベクトルとスカラー

運動量とエネルギーの違いをもう一つ紹介しましょう。

今、左右から同じ質量 $m$ のビー玉が同じ速度 $v$ で近づいてきたとしましょう。この時、2つのビー玉の全運動量と全エネルギーを計算してみましょう。

今、右向きを正とします。すると、右向きに進むビー玉は右向きの勢いがありますから、$mv$ の運動量を持っています。ところが、左向きに進むビー玉は左向きの勢いがあるので、逆向き、つまり $-mv$ の運動量を持つ事になるのです。よって、2つのビー玉の全運動量は打ち消しあい、その結果 $mv-mv=0$ となるのです。直感的には右向きの勢いと左向きの勢いが打ち消しあってゼロになっているわけです。

その一方でエネルギーの方は、左右のビー玉の運動エネルギー $=\frac{1}{2}mv^2$ です。その結果、2つのビー玉の運動エネルギーを足すと、$\frac{1}{2}mv^2+\frac{1}{2}mv^2=mv^2$ となりゼロにはなりません。

これは、運動量が方向と大きさを持ったベクトルであるのに対し、運動エネルギーは大きさのみを持つためです。このような一つの数で表されるものをベクトルに対してスカラーと言います。

## コラム　作用反作用の法則と運動量保存則

運動量保存則は運動方程式からも説明する事ができます。ここでは、運動方程式を使って簡単な場合について運動量保存則を導出してみましょう。

今、重力などの力が一定の場合の運動方程式を考えます。この時の運動方程式は単純に

質量　×　加速度　＝　力

となります。この時、地球上での加速度（重力加速度）は0、10、20、30ｍ／秒と1秒当たり10ｍ／秒程速度が変化するわけでした。これを式にしてみましょう。簡単のために最初の速度をゼロとします。これは**最初の運動量をゼロとする事に相当します**。すると、速度は加速度を用いて「速度＝加速度×時間」と表す事ができます。つまり、「加速度＝速度／時間」となります。これを運動方程式に入れてみましょう。すると、

質量　×　（速度／時間）　＝　力

となります。ここから分母を払うと、

質量 × 速度 ＝ 力 × 時間

となります。ここでなんと上辺は運動量です！　つまり、運動方程式から

運動量 ＝ 力 × 時間

が出て来ました。このように、運動量は運動方程式から自然に出てくるものなのです。

### 運動量と作用反作用の法則

次に、2つのビー玉A、Bがぶつかる場合を考えてみましょう。

先ほど運動量保存の法則とは「いくつかの物体に働く力の合力がゼロならば、その物体全体の運動量は保存する」と述べました。これを運動方程式の立場から見てみましょう。

まず、A、Bそれぞれの運動方程式を「運動量＝力×時間」として書いてみると、

Aの運動量 ＝ Aに働く力 × 時間
Bの運動量 ＝ Bに働く力 × 時間

となります。これらを足し合わせると、

Aの運動量 ＋ Bの運動量＝（Aに働く力 ＋ Bに働く力）× 時間

となります。ここで、仮に外から力が働かない場合、力の合計（A、B に働く力の合計）がゼロなので下辺はゼロになり、A の運動量＋B の運動量も最初と同じゼロになります。つまり、全体の運動量が保存するのです。

ここで、仮に外から力が働かない場合でも、ビー玉がぶつかったときはお互いにぶつかった力が働くから力の合計はゼロではないのではと思うかもしれません。しかし、作用反作用の法則が成り立っているので、すべてのビー玉どうしの力は打ち消しあってやはり力の合計はゼロになるのです。

## コラム　自然に変わらないものがあるわけは？

私たちは第2章、第3章で「変わらないもの」としてエネルギーや運動量に注目してきました。そして、運動方程式をそのまま扱ったのでは計算が大変な場合のいくつかが、運動量保存やエネルギー保存を使うと簡単にわかる場合がある事を紹介しました。

それでは何故、自然界にはこのような変わらないもの（保存則）があるのでしょう？

実は第1章で学んだニュートン力学は、**解析力学**と呼ばれる力学に定式化されました。解析力学では運動方程式の代わりに、運動エネルギーと位置エネルギーで作られるラグラジアンと呼ばれるものを考えます。具体的にはラグラジアン＝運動エネルギー−位置エネルギーとなります。このラグラジアンをいろいろ計算すると、ニュートン力学の運動方程式が出てくるのです。

さて、解析力学の立場から力学を調べると、面白い事実が簡単に明らかになる事が知られています。そこでは**「シンメトリー」**が重要な役割を果たす事が知られているのです。シンメトリーは一般には「左右対称」の事ですが、自然科学の世界ではシンメトリーはより一般化されます。例えば左右対称とは、「左と右を入れ替えても同じ形」という事ですが、このように「何か操作したときにもとに戻る」時、シンメトリーがあると言うのです。

このようにシンメトリーを捉えると、身近な世界には沢山のシンメトリーがあります。

図3・2　雪の結晶とシンメトリー。雪の結晶には左右シンメトリーの他、60度回転のシンメトリーがある

例えば左右対称以外にも観覧車や図3・2の雪の結晶のように「いくらか回転すると同じ形」になる時、回転のシンメトリーがあると言います。連続模様のように「いくらかずらすと同じ模様になる」時、「平行移動のシンメトリー」があると言います。さらに言えば「時間方向のシンメトリー」もあります。連続模様の位置

を時間と考えると、時間をずらしても同じならば、「時間方向のシンメトリー」というわけです。

さて、解析力学にはこのシンメトリーを使った、「ネーターの定理」と呼ばれる定理があります。これは結論から言うと、

ネーターの定理
「シンメトリーがあると、そのシンメトリーに対応した変わらないもの（保存量）が存在する」

という定理です（ただしここでのシンメトリーは、連続回転などの連続的なものに限ります。以下同じ）。

ここでは結果のみ紹介しますが、ネーターの定理によれば、**「平行移動のシンメトリーがあると、運動量が保存する」**という事が出てきます。例えば先ほど出てきたラグラジアン（運動エネルギー－位置エネルギー）が平行移動しても変わらないのであれば、運動量が保存するのです。

さらには**「時間方向のシンメトリーがあると、エネルギーが保存する」**という事も出てくるのです。これも例えばラグラジアン（運動エネルギー－位置エネルギー）に時間が関わってこなければ、時間をずらしてもラグラジアンは変わらず、エネルギーが保存するのです。

このように、ネーターの定理によれば、一般には、シンメトリーがあると何か保存するものがあるのです。この事が自然科学において、シンメトリーが重要な役割を果たす理由のひとつなのです。シンメトリーとエネルギーや運動量などの保存量が結びつくなんて、とても驚きですね。

しばしば高校~大学初年次はエネルギー、運動量をニュートンの運動の3法則から説明します。本書でも一応、運動方程式の側面からも説明しました。

しかしながら、ネーターの定理を使うと、**運動量保存、エネルギー保存は運動の3法則を使わなくても、時間と空間の対称性だけから出てくる実に奥深いものなのです。**詳細は本書の範囲を超えるので省略しますが、興味ある人は巻末の関連図書［2］［4］等を参照するといいでしょう。

## コラム　自然は最小を好む――最小作用の原理

自然とシンメトリーの話をしたので、ここでもう一つ自然の面白い側面を紹介しましょう。それは「自然は最小を好む」という側面です。例えばシャボン玉は球の形をしています。何故、ドーナツやアンパンや立方体のような形でなく球なのでしょう?

シャボン玉の中には空気が閉じ込められていますが、この時シャボン玉の形が球の方がシャボン玉の表面積が小さくなるのです。このように、**自然の世界では何かが最小になる事によって説明できる**事がしばしばあるのです。自然は最小を好む事があるのです。

先ほど、解析力学の話をしました。そこでは運動エネルギーと位置エネルギーから作られるラグラジアンと呼ばれるものを考え、ラグラジアンを色々計算すると運動方程式が出てくる事を紹介しました。実はこの「色々計算」と言うところに「何かを最小にする」という事を使っているのです。ある何かを小さくすると、何と高校時代に証明できないものとして学んだ運動方程式が出てくるのです。簡単にですが、どういう事なのかちょっと紹介しましょう。

今、ある物体（例えばボール）が時刻 $t_1$ に A 地点 $x_1$ にいたとします。物体は重力を受け、そしてある時間が経つと時刻 $t_2$ に B 地点 $x_2$ に動いたとします。この時、時刻 $t_1$ から時刻 $t_2$ まで物体はどのように動くでしょう?

ここで「単に運動方程式を使えば下に加速度運動するだけだ!」と思うかもしれませんが、運動方程式は使ってはいけないとします。さて、どうすればいいでしょう?

解析力学ではラグラジアン（運動エネルギー－位置エネルギー）を時刻 $t_1$ から $t_2$ まで積分した作用（S と書くことにします）と呼ばれる物を考えます。

$$S=\int_{t_1}^{t_2}(\text{運動エネルギー}-\text{位置エネルギー})dt$$

ただし、時刻 $t_1$ の時A地点 $x_1$、時刻 $t_2$ のときB地点 $x_2$ にいますが、そのほかの時間は色々な所を動き回ることができます。

例えば図3・3のグラフでは、A地点からB地点に行くのに、経路1、2、3など色々な経路を考えることができます。このとき、具体的に作用Sを計算すると、経路によって作用Sは大きくなったり小さくなったりと色々な値をとります。さて、これら経路のうち、実際に動き回る経路はどれでしょう？

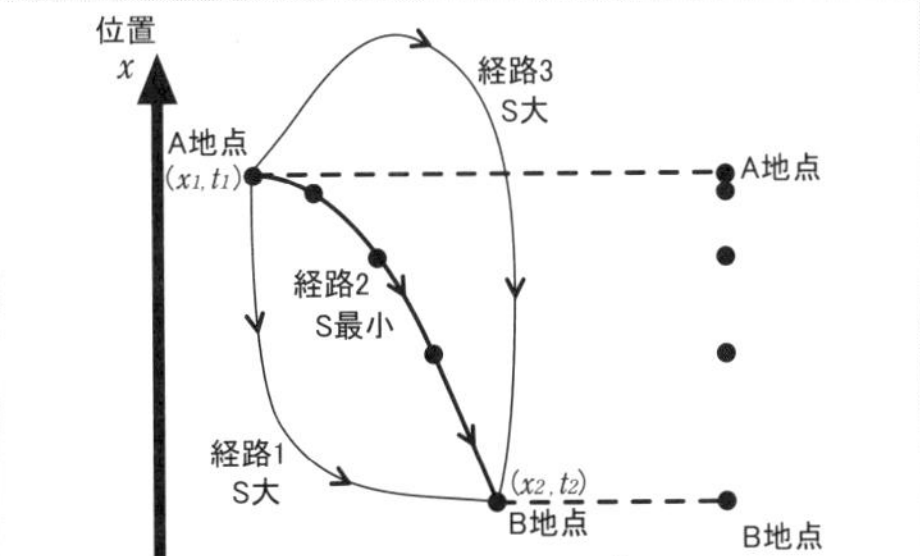


図3・3　ボールが重力で落ちる様子（右）をグラフにしたもの（左、横軸は時間）。色々な経路（落ち方）のうち、実際の経路（落ち方）では作用Sが最小（極値）になっている。この時、運動方程式が出てくることがわかっている。

ここで「自然は最小を好む」事がある事を思い出しましょう。実は、自然はこれら様々な経路のうち、作用Sが最小（厳密に言えば最小ではなく極値）となる経路を選ぶのです。これを最小作用の原理と言います。図では経路2になります。そしてこの作用が最小になるとすると、なんとこの時、運動方程式が出てくる事が知られています。運動方程式は作用が最小になるときの方程式だったのです！　つまりボールを含めて私たちの身の回りの運動は、実は作用と呼ばれるものが最小になるように運動をしているのです。

このようにして「自然は最小を好む（最小原理）」として解析力学を使うと、運動方程式までもが導出できます。高校時代に「証明できないもの」として学んだ運動方程式が、最小作用の原理から導かれるなんて、自然は奥深いですね（数式も含めて詳しく知りたい方は巻末の関連図書［2］、［4］等を参考にしてください）。

# 第4章

# 音と光は波で出来ている

# 音と光は波で出来ている

私たちの世界は、音と光からの情報にあふれています。

実際、朝に目を覚ましてから夜に目をつぶるまで、私たちは光を通してたくさんの情報に接しています。この光には、様々な色があります。例えば虹には赤、橙、黄、緑、青、藍、紫の7色があります。何故、光にはいろいろな色の光があるのでしょう？

そして私たちの身の回りには光に加えて、沢山の音の情報があふれています。しかし、音にもいろいろあります。例えば音階の「ドレミファソラシド」は低い音から徐々に高い音になっています。実際ドと比較すると、1オクターブ高いドは2倍高い音になっています。それでは何故、音にはいろいろな高さの音があるのでしょう？

これらの問題は、

音や光の正体はいったい何なのでしょう？

という問いに答える事によって理解できます。もちろん、音の正体と光の正体は全く違いますが、似ている側面もあります。

それは、**音も光も波としての性質を持つ**のです。ですから、光も音も、波の立場から調べていくと、全てではありませんが、その正体がかなりわかってくるのです。

私たちは光や音にとても慣れ親しんでいます。そこでこの本ではまず、光と音を学びながら波に親しんでいきましょう。

## 波の基本――波長と振動数

まず波の基本を紹介します。

波を作る簡単な方法は、長いひもを用意して、それを手などで端を上下に振動させてみる方法です。こうすると、簡単に綺麗な波ができます。この手作りの波から、波の基本を理解する事ができます。

まず、図4・1のようにひもの端を持って手を均等に振動させると、等しい間隔で同じ形の波が繰り返します。このとき、「波の長さ」を決める事ができます。この波の長さの事を「波長」

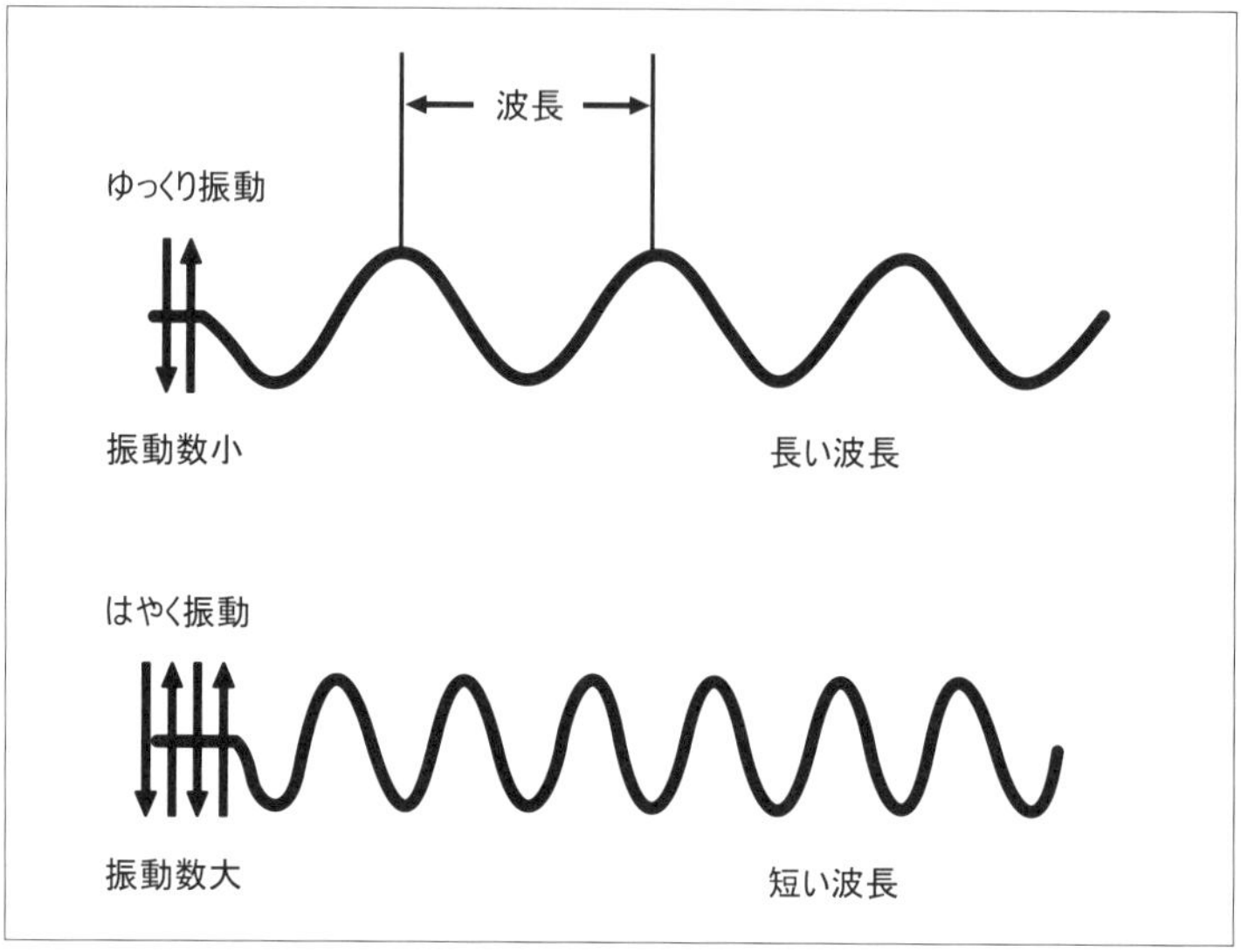


図4・1　波長と振動数

と言います。波長は波の基本的な性質です。

波のもう1つの基本的な性質は「振動数」です。これは、1秒当たりの波の数が正式な定義ですが、直感的には1秒間に振動する数と考えればいいでしょう。

今のひもの場合、速く振動させると振動数は大きくなります。逆にゆっくり振動させると振動数は小さくなります。振動数の単位はHz（ヘルツ）です。もしも1秒に10回振動させれば10Hz、100回振動させれば100Hzとなります。

さて、振動数と波長には実はとても面白い関係があります。今、ゆっくりとひもを振動させて波を作ったとしましょう。このとき、ゆっくり振動させると、その振動に応じて波ができますね。それではこの時、ひもを速く振動させると（振動数を大きくすると）どうなるでしょう？

実は図のように、速く振動させると波の波長は短くなっていくのです。ゆっくり振動させると波長は長く、速く振動させると波長は短くなっていきます。この事はおそらく直感的にも実感しやすいのではと思います。

## 波長と振動数の関係

ゆっくり振動させると波長は長く、速く振動させると波長は短くなっていく事を学びましたが、それでは具体的に振動数と波長の関係はどのようになっているのでしょう？

そのキーワードは「波の速さ」です。波の速さとは、波が1秒で進む距離です。ひもを1回振動させると波は波長分だけ進みます。2回振動させると波長×2倍進みます。すると、1秒の間にひもは振動数だけ振動するので、波長×振動数　だけ進む事になります。これが1秒で進む距離、要するに波の速さになります。つまり、

波長×振動数＝波の速さ

となるのです。ここで波の速さは普通は一定です。そのため、**波長が1/2倍、1/3倍となると、振動数はその逆で2倍、3倍になるのです。**この事実は後で使いますので、ぜひ頭にとどめておいてください。

## 音の正体

波の基礎知識を紹介したので、さっそく音の正体を調べてみましょう。

太鼓を棒で叩くと、当然音がします。この音の正体はいったい何でしょう？

音を響かせている太鼓に近づいてみると、太鼓が振動している事がわかります。そしてそれに応じて空気も振動している事がわかります。

この空気の振動が音の正体です。つまり、太鼓などが振動する事により空気が振動し、それが人間の耳の鼓膜に伝わって音が聞こえるわけです。このような空気の振動を「音波」などと言います（ただし、水中では水が音を伝えます。つまり、正確には空気でなくてもよいのです）。

## 音の振動数と音の高低

音の正体が空気の振動である事がわかりましたが、それではこの章の初めに出てきた、高い音と低い音の違いは何でしょうか？

そこで今、高い音と低い音を調べるための、同じような材質でできた、大きさが違う太鼓を考えます。太鼓は同じ材質ならば、大きさが変わると音の高さが変わります。直感的には大きな太鼓は「ドーンドーン」と低い音が出て、小さな太鼓は「ポンポン」と高い音が出るのです。そこで、太鼓を詳しく見てみると高い音と低い音の違いがわかりそうです。

太鼓の表面を注意深く見ると、低い音を出す大きな太鼓を叩くと、表面はゆっくり振動します。その一方で高い音を出す小さな太鼓を叩くと、表面は速く振動します。つまり、

### 低い音は振動数が小さく、高い音は振動数が大きい

のです。ただし私たちは耳で音を感じているため、低い音から高い音まで全ての音が聞こえるというわけではありません。例えば、どんどん高い音になるほど聞こえにくくなります。一般に**人間の耳に聞こえる音は20Hzの低い音から20000Hzの高い音程度**とされています。但し、一般には年を取ると高い音は聞こえにくくなります。例えば普通年をとると20000Hzの音は聞こえません。

また、一般に20000Hzよりも大きな振動数の音は、超音波と呼ばれます。超音波は人間には聞こえませんが、イルカには聞こえるそうです。

## 音の波長

音の振動数について紹介しましたが、それでは音の波長はどうなるのでしょうか？

この章で説明した波長と振動数の関係を使うと、高い音は振動数は大きいので波長は短くなります。その一方で低い音は振動数が小さいので波長は長くなります。

それでは具体的に私たちに聞こえる音はどれくらいの波長なのでしょう？ 先ほど、「波の速さ＝波長×振動数」の公式を紹介しましたので、この公式を使って調べてみましょう。公式を変形すると、「波長＝音の波の速さ／振動数」となります。ここで簡単のため、音の波の速さを340m／秒とすると（ちなみに音の速さは気温によって変わってきます）、音の波長は1・7㎝〜17mとなります。つまり、私たち人間の身長の100分の1〜10倍程度の長さです。この音の波長の具体的な長さは次章で重要になりますのでぜひ覚えてください。

## 口笛が遠くまで聞こえるわけ

私たちはしばしば、遠くの人に合図をするのに「口笛」を使います。例えばアニメ名作「アルプスの少女ハイジ」（製作著作／瑞鷹株式会社）では、遠くまで聞こえる口笛が歌に出てきます。それでは何故、そもそも普通の大声でしゃべらずに、「口笛」で遠くの人に合図をするのでしょう？

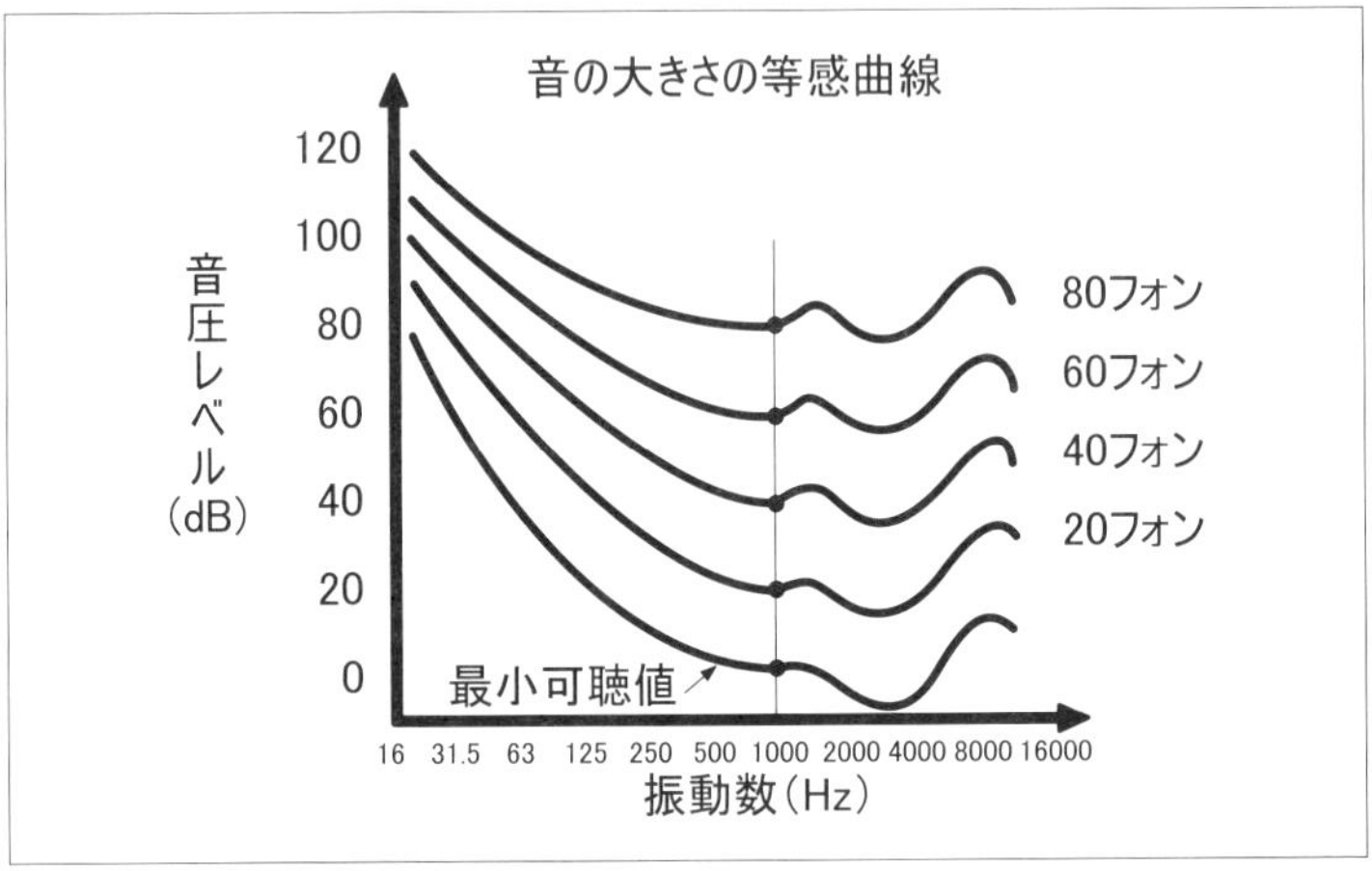


図4・2　等感曲線　縦軸は音圧レベル（dB表示）。曲線は同じ大きさに聞こえる等感曲線（国立天文台編　「理科年表平成23年版」丸善（2010）をもとに作成）。

実は私たち人間には、「聞きやすい音」「聞きにくい音」があります。先程20Hz～20000Hzの音が人間に聞こえる音と紹介しましたが、同じ大きさの音であっても人間には大きな音に聞こえたりあまり聞こえなかったりするのです。例えば先ほど紹介したように人間は年を取ると高い音が聞こえにくくなってきます。

それでは人間にとって聞きやすい音とはどんな音でしょう？　図4・2を見てみましょう。

縦軸は音圧レベルをデジベル表記したものです。この図は等感曲線と呼ばれるものです。図中の「フォン」とは、人間にとって同じ大きさに聞こえる音に関する単位で、例えば図で60フォンの60はもともと1000Hzで60デジベルの音量から来ていますが、60フォンの曲線は、振動数を変えた時、1000Hzで60デジベルの音量と同じ大きさに聞こえる音の様子を表しています。

図は曲線が低い所にあるほど、人間にとって聞こえやすい事を表しています。図を見ると、４０００Hzあたりが一番低い所にあるので、４０００Hzあたりの音が一番よく聞こえる音である事がわかります。

その周辺の低くなっているおよそ３０００〜５０００Hzあたり、さらに広げて１０００〜５０００Hzの音が人間にとって比較的よく聞こえる音なのです。

普通のドレミファソラシドのドの音（ハ長調）は大体２６１Hzあたりですから、よく聞こえる１０００Hz〜５０００Hzの音は比較的高い音と言えるでしょう。口笛は話し声よりもずっと高い音です。口笛の音はこのよく聞こえる１０００〜５０００Hzあたりにピークがあります。つまり、口笛は小さな音でも聞こえやすいのです。**口笛が遠くまで聞こえるのは、口笛の音が高いため、人間にとって聞こえやすい音だからなのです。**

口笛以外にもサイレンの音や警報ベルの音は高い音です。サイレンや警報ベルの音は非常事態を知らせる音なので、人々によく聞こえる必要があります。高い音にする事によって、人々に聞こえやすくなっているのです。

## ドミソの和音

今度は音楽の話をしましょう。
音楽の世界では、「ドミソ」のように「和音」と呼ばれる綺麗に響きあう音があります。しかし一方で、ドとレの音は綺麗に響きあいません。それではレが綺麗に響かない音かと思うかもしれません。しかし、レを使った「レファラ」は綺麗に響きあいます。つまり、同じ音でも音の組み合わせ方で響きあい方が変わってくるのです。それでは

何故、このように綺麗に響きあう音の組み合わせがあるのでしょう？

その秘密を調べるためには、音の性質をもう少し詳しく知る必要があります。そこでこれから音を詳しく調べてその謎を解き明かしてみましょう。

## 私たちはいろんな高さの音を同時に出している

私たちは普通、人によって声が違います。例えばドレミの「ド」の音を考えてみると、人によってドの音は違い、誰のドの音か区別できます。それでは何故、人によって違う声に聞こえるのでしょう？

ここで私たちの声を詳しく調べてみます。すると、実は私たちの声は同時にいろいろな高さの音を出しているのです。今、仮にドの音を計算しやすくするため、４００Hzとしましょう（実際は４００Hzではありません）私たちがドの音を出すと、もちろん４００Hzの音を出しますが、それ以外にも様々な高さの音を出しているのです。

このように、色々な高さの音を同時に出すのですが、そのいろいろな音の混ざり方によって音色がいろいろ変ってくるのです。つまり、簡単に言うと人によって音の混ざり方がかわり、その結果、人によって声が違うように感じるのです。

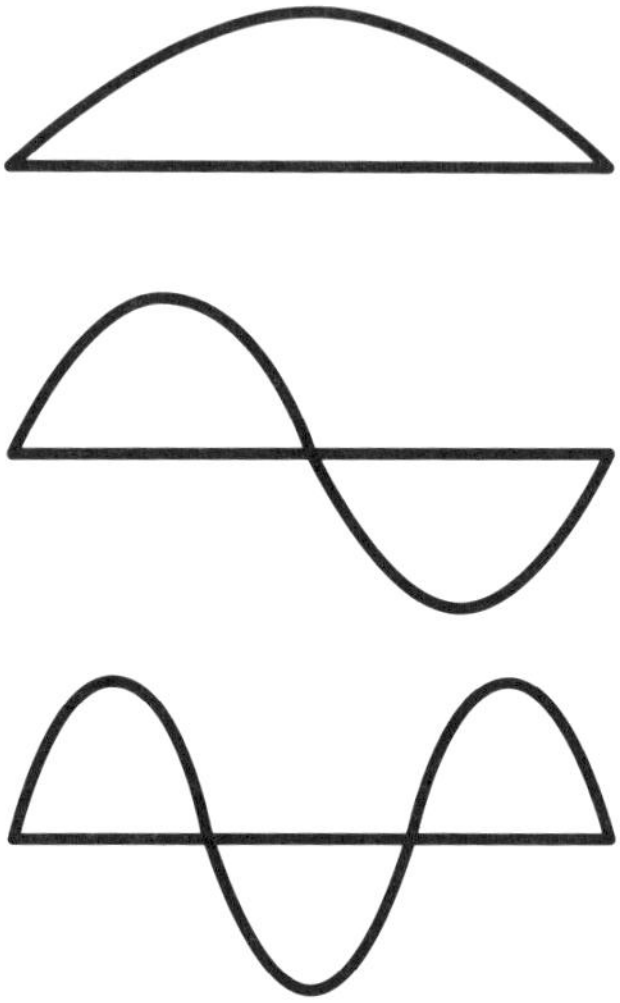


図4・3　バイオリンの弦の出す音には倍音が含まれている。

## 倍音がキーワード

それでは色々な音の混ざり方を詳しく調べてみましょう。一番わかりやすいのは「バイオリン」等の弦楽器です。バイオリン等の弦楽器の音の混ざり方の様子を調べると、なんと、音の高さが2、3、…倍の音が混じっているのです。例えば400Hzの音を出すと、一緒に800、1200、…Hzの音が混じって出てくるのです。これらを倍音と言います。

振動数が2、3、…倍の音が混じってくるという事は、波長で言うと図のようにバイオリンの弦から出る音には、

1/2、1/3、…倍の波長が混じる事を意味しています。

それでは何故倍音が混じりやすいのでしょう？

図4・3のようにバイオリンの弦が振動したとき、一番安定な振動は図の一番上の振動です。図を見れば当たり前と思うかもしれません。しかし、何故安定かを考えてみると、バイオリンは弦の両端を押さえているので、**両端で波の大きさがゼロになる波が安定なのです**。そのような波は他にもあります。それは図4・3のように波長が、1/2、1/3、…倍の波です。これは振動数で言うと、振動数が2、3、…倍の音となります。これが倍音が混じりやすい理由です。

この倍音がドミソが綺麗に聞こえるわけを解き明かすキーワードになります。

今、ドの音を400Hz、ソの音を600Hzとします。ドの音には400、800、**1200**、1600、2000、**2400**…Hzの音が含まれます。一方、ソの音にも倍音があるので、600、**1200**、1800、**2400**…Hzの音が含まれます。

ここでドとソの出す音をよく見てみると、**1200、2400Hzの音**が一致している事がわかります。

つまり、ドとソの音は一見、まったく違う音のように感じるかもしれませんが、実は1200Hz、2400Hzと同じ音を出しているのです。同じ曲を二人の人で歌い合唱すると、綺麗に響きあいますが、それと同じようにちょうど、ドとソの音が１２００Hz、２４００Hzの音を合唱して綺麗に響きあっているのです。

これが、和音が綺麗に響く理由です。

## 〈参考〉リズム楽器

さて、以上「倍音」をキーワードに和音を紹介しました。しかし、全く倍音になっていない楽器もあります。それは例えば太鼓などの打楽器です。

バイオリンなどの弦楽器は弦の振動（１次元）でした。しかし、太鼓は振動する部分が太鼓の表面であり、これは平面（２次元）です。太鼓の場合、振動する方向が平面で縦にも横にも振動できるのですが、出てくる音は縦と横の振動を合わせたものになるので、倍音にはならないのです。

今、簡単のためにまるい太鼓のかわりに図４・４のように縦横の長さが等しい膜を考えましょう。この時、この膜が出す音の振動数は次のようになります。

$$振動数 \propto \sqrt{(縦の振動数^2 + 横の振動数^2)}$$

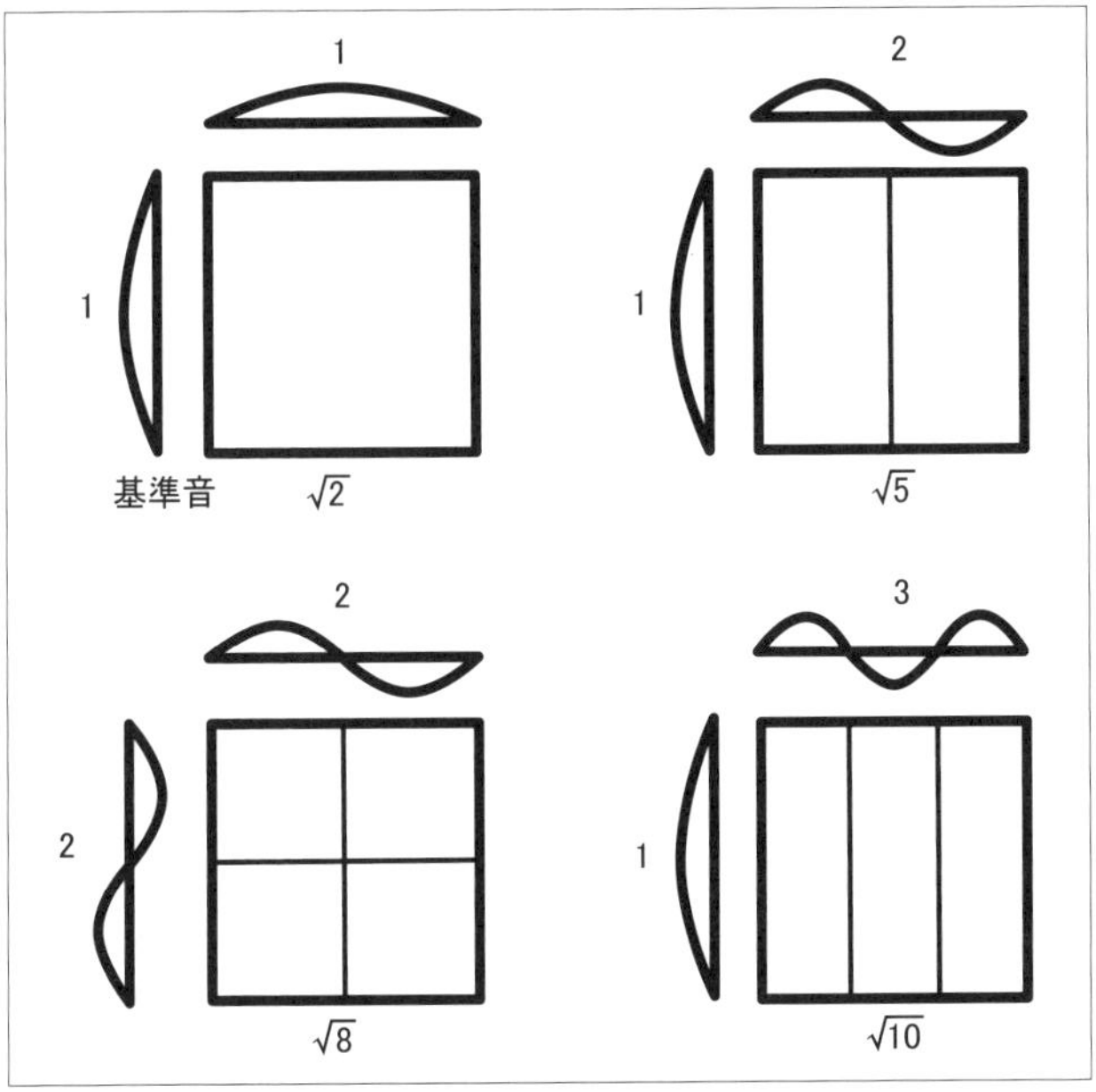


図4・4　正方形の場合の振動の様子。

一番低い音は「縦の振動数＝横の振動数＝1」とすると、振動数は$\sqrt{1^2+1^2}=\sqrt{2}$になりますが、縦の振動数だけ倍振動すると、「縦の振動数＝2、横の振動数＝1」で、この時の振動数は$\sqrt{2^2+1^2}=\sqrt{5}$になり、$\sqrt{2}$の2倍になりません。つまり、倍音にはならないのです。このような楽器は主に、リズム楽器として使われます。

このように、音はその音源の形状や材質により色々変化します。先ほど紹介した倍音と言うのもあくまで音源がバイオリンやギターのように弦が振動しているとした時の近似的なものであって、厳密なものではありません。

## 音階はどうやって決まる?

現在、私たちが聞いている音楽の大半は「ドレミファソラシド」を基調とした音階から作られています。それではなぜ、よく使われる音階は「ドレミファソラシド」なのでしょう? 「ドレミファソラシド」の音階はどのようにして決まったのでしょう?

例えば日本の音階には、君が代・雅楽などで使われる律音階や、民謡・わらべ歌などで使われる民謡音階などがあります。律音階は中国から渡来しました。これらの音階はドレミファソラシドとは少し違います。律音階は現在のドレミファソラシ(ド)で言うとレミソラシ(レ)、民謡音階はミソラシレ(ミ)に相当します。これらは音の種類は5つなので5音音階などとも言います。

ドレミファソラシドの音階は、西洋で発達したものです。そこで、ここではドレミファソラシドの音階の始まりと言われるピタゴラス音階を紹介しましょう。

## 音が綺麗に響きあうピタゴラス音階

先ほど、ドとソの音が綺麗に響きあう事の理由を説明しました。ドとソの音は音の高さが2：3となっているのですが、このように高さの比が2：3の音程を完全5度と言います。完全5度の音どうしはよく響きあうのです。ピタゴラスはよく響きあう、この2：3の音程の完全5度の音の組み合わせを使って音階を作りました。以下、その手順を紹介します。

まず、ドの音の高さを$\frac{3}{2}$倍するとソの音になります。波長で言うと逆に$\frac{2}{3}$倍しますので、図4・5の上の2つの図のようにドの長さを1とするとソは$\frac{2}{3}$になります。

ソの音を$\frac{3}{2}$倍すると、1オクターブ高いレの音になります（1オクターブは2倍の高さの音です）。波長で言うと逆に$\frac{2}{3}$倍しますので、図4・5の上から3番目の図のように、

$\frac{2}{3}\times\frac{2}{3}=\frac{4}{9}$になります。

1オクターブ高いレの音の$\frac{3}{2}$倍の高さの音は1オクターブ高いラです。1オクターブ高いラの音の$\frac{3}{2}$倍の高さの音は2オクターブ高いミです。

このようにして音の高さを$\frac{3}{2}$倍（波長は$\frac{2}{3}$倍）していくと、どんどんドレミの音が出来

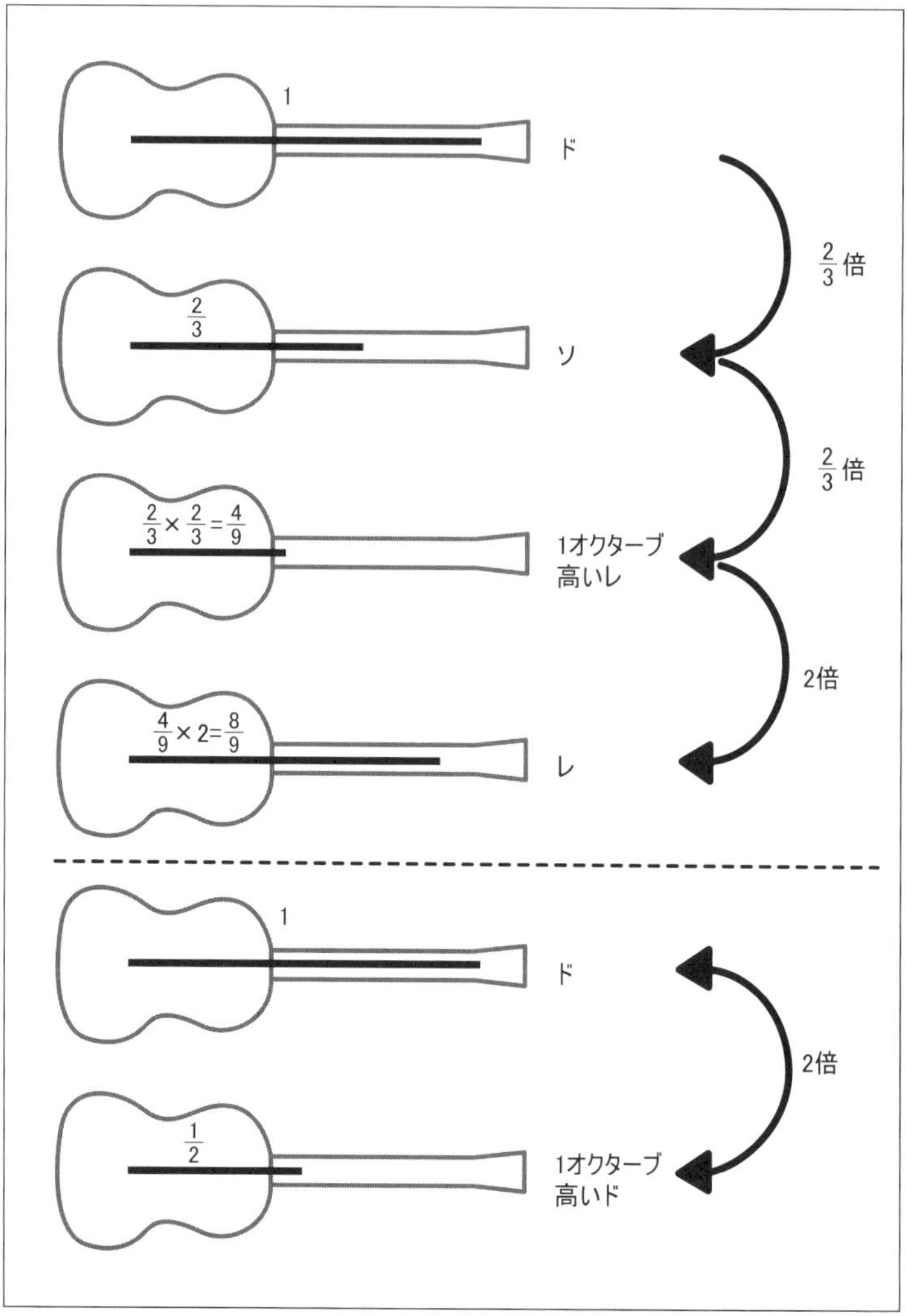


図4・5　ピタゴラス音階の作り方。

上がってくるのです。

しかし、1オクターブ、2オクターブ高い音はどうすればもとの音にすることができるのでしょう。図4・5の下の2つの図を見てみましょう。1オクターブ高いドはドの2倍の高さの音なので、波長はドの半分になります。つまり、1オクターブ上げるには波長を半分にし、1オクターブ下げるには波長を2倍にします。そこで、図4・5の1オクターブ高いレは波長を2倍にして$\frac{4}{9}\times 2=\frac{8}{9}$にするとレになります。

同じようにして1オクターブ高いラ、2オクターブ高いミなども普通のラ、ミにすることができます。このように「ドの音を元に次々と音の高さを$\frac{3}{2}$倍して（波長を$\frac{2}{3}$倍して）、1オクターブ超えたら1オクターブ下げる」を繰り返すと「ド→ソ→レ→ラ→ミ→シ」まで作ることができます。ただし、ファだけは逆にドの音の高さを$\frac{2}{3}$倍（波長を$\frac{3}{2}$倍）すると1オクターブ低いファができるので、これを1オクターブ上げてファを作ります。このようにして何回も$\frac{3}{2}$倍したり$\frac{1}{2}$倍したりして出来上がったピタゴラス音階の音の高さ（波長の逆数）が下の図4・6です。

現在はこのピタゴラス音階がそのまま使われているわけではありません。ピタゴラス音階は歴史とともに修正され、純正律や平均律と呼ばれる音階を作り

| | ド | レ | ミ | ファ | ソ | ラ | シ | ド |
|---|---|---|---|---|---|---|---|---|
| ピタゴラス音階 | 1 | $\frac{3^2}{2^3}$ | $\frac{3^4}{2^6}$ | $\frac{2^2}{3}$ | $\frac{3}{2}$ | $\frac{3^3}{2^4}$ | $\frac{3^5}{2^7}$ | 2 |

図4・6　ピタゴラス音階の音の高さ

出しました。現在私たちが普通に使っている音階は、平均律と呼ばれる音階です。

平均律では、例えばピアノの鍵盤の隣り合う音どうしの音の高さの比を約６％（正確には$2^{1/12} \fallingdotseq 1.059$）と一定にした音階です。何故約６％なのでしょう？

ピアノの鍵盤を見てみましょう。ピアノには白い鍵盤だけでなく、黒い鍵盤もあります。１オクターブの中に「ドド♯レレ♯ミファファ♯ソソ♯ララ♯シ（ド）」と12個の音があります。

ここで、１オクターブ高い音は２倍高い音である事を思い出します。隣り合う音どうしの音の高さの比を約６％とすると、「ドド♯レ…」となるにつれて約６％ずつ音が高くなっていくので、これを12回繰り返すと$(1.06)^{12} = 2.01$とほぼ２倍になります。つまり、隣り合う音どうしの音の高さの比を約６％としておくと、鍵盤12個で１オクターブ高くなるのです。

このように決めた平均律の音階はピタゴラス音階とどれくらい似ているのでしょうか？　音階の決め方が違うのだから全然違うのではと思うかもしれません。しかし、実際に計算してみると図にあるように、どちらもほとんど同じなのです。びっくりですね。

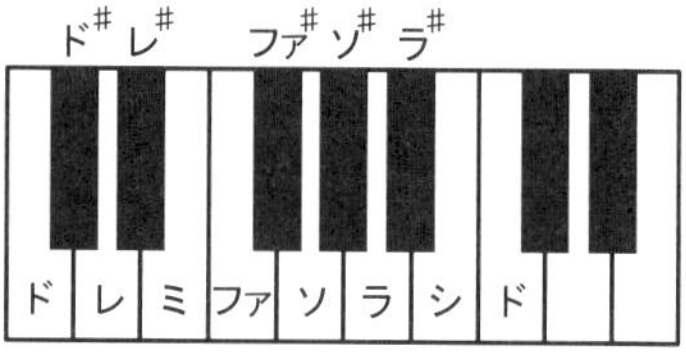


| | ド | レ | ミ | ファ | ソ | ラ | シ | ド |
|---|---|---|---|---|---|---|---|---|
| ピタゴラス音階 | 1 | 1.125 | 1.266 | 1.333 | 1.500 | 1.688 | 1.898 | 2 |
| 平均律（現在の音階） | 1 | 1.122 | 1.260 | 1.335 | 1.498 | 1.682 | 1.888 | 2 |

図4・7　ピアノの鍵盤（上図）。平均律とピタゴラス音階の比較（下図）。

# 光の波長と色彩

さて、今度は光について学んでいきましょう。音の場合、振動数によって音の高さが変わる事を学びました。それでは光の場合、振動数が変わると何が変わるのでしょう?

その答えは「虹」にあります。虹の色は「赤、橙、黄、緑、青、藍、紫」の7色です。ただし、藍色を除いた6色で説明される事もあります。

この虹の7色は、実は光の振動数の順番に並んでいるのです。赤い光が一番振動数が小さく、橙、黄、緑、青、藍とだんだん振動数が大きくなり、紫が一番振動数が大きくなります。つまり、光の振動数が変わると「色」が変わるのです。

さて、音の高さでは「振動数」を主に使ってきました。しかしながら、「波長=波の速さ/振動数」の関係があるので、波長を使ってもいいのです。音の場合はしばしば振動数が使われますが、光の場合は波長もしばしば使われます。そこで、光の場合は波長で紹介していきましょう。

すると、先ほどの虹の7色は振動数だけでなく、波長の順番でも並ぶことになります。振動数が大きいと逆に波長は短くなるので、順番は振動数の場合と逆になります。つまり、赤い光が一番波長が長く、橙、黄、緑、青、藍、紫となるにつれて段々波長が短くなります。

この虹の光の波長は具体的にどれくらいでしょうか？　実は虹の波長はとても短いのです。具体的には、３８０nm〜７８０nm程度の長さです。１nmは10億分の１mです。

耳に聞こえる音の波長は１・７cm〜17m程度でした。これと比較すると、目に見える光である虹の光の波長はけた違いに短いのです。

## 紫外線も赤外線も光

さて、先ほど音の話をした際、人間の耳に聞こえる20〜２００００Hz以外の音は人間には聞こえないことを紹介しました。そして、２００００Hzよりも振動数の大きい、人間の耳には聞こえない超音波の話を紹介しました。光の場合も同じように、当然３８０nm〜７８０nm以外の光もあります。これらの光は単に人間の目が知覚できないだけです。これらの光も超音波のように名前がついています。ここではその、「見えない光」を紹介しましょう。

図４・８を見てください。まず、可視光の赤よりも波長が長い光に、赤外線があります。これ

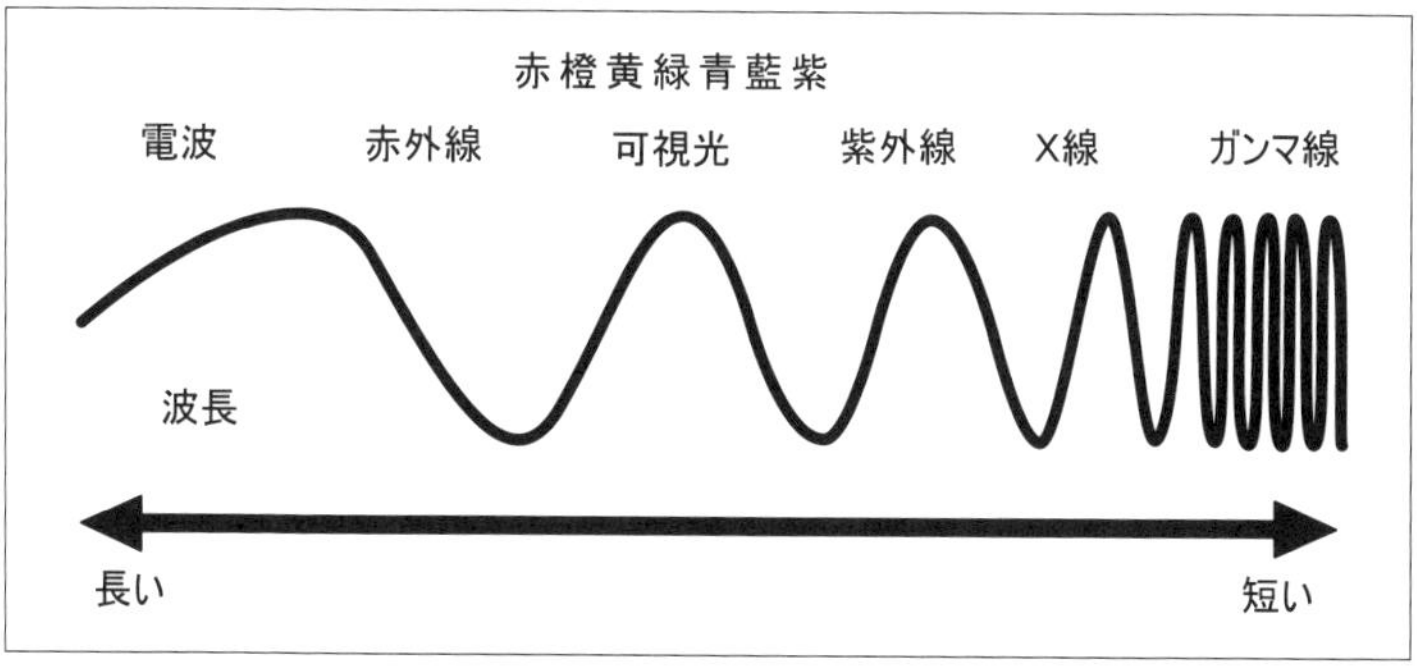


図4・8　光の波長。電波も虹の光も紫外線もX線も波長が違うだけで、同じ光である。

も光なのですが、単に目に見えないだけです。

逆に、紫よりも波長が短い光に紫外線があります。これも目に見えないだけで、単に紫よりも波長が短い普通の光です。

このように、光の波長が変わると光の色や種類が変わるのです。

それでは紫外線よりも波長が短くなるとどうなるのでしょう？　今度はレントゲンなどで使われるX線になります。さらに波長を短くすると原発事故や原爆などで出てくるガンマ線になります。

一方、赤外線よりも波長が長い光にテレビや携帯電話などに使われる電波があります。電波は、人間の目が知覚しないだけで、普通の光なのです。電波、赤外線、紫外線、X線、ガンマ線は人間の目には見えませんが、それは単に人間の目が反応しないだけで、私たちが見ている光と単に波長が違うだけなのです。

## 光の正体は？

音の場合、空気などが振動して私たちの耳の鼓膜にその振動が伝わり、音として聞こえるわけでした。それでは光の場合、いったい何が振動しているのでしょうか？　光の正体は何なのでしょうか？

かつて光を伝える媒質として、「エーテル」といったものが考えられていました。しかし光を伝える媒質のようなものを考えると、どうしても矛盾が出てしまうのです。そしてこの「エーテル」はその後否定されます。

実は光は空気などの何らかの物が振動しているというわけではありません。実際、何もない真空中を光は伝わるのです。つまり、空間そのものが光を伝える性質を持つのです。さらに第6章で電気、磁気が登場しますが、実は光は電気と磁気と関係してくるのです。実際、光波の別名は電磁波と言います。そこで第6章で光の正体をより詳しく紹介しましょう。

## ピンクはどうやって作るの？

先ほど、波長によって色が変わる事を紹介しました。そして波長が長い方から、虹の7色の順番に赤橙黄緑青藍紫とだんだん波長が短くなる事を紹介しました。

しかしここで疑問がわきます。色は虹の7色だけではありません。例えば白とかピンクとかマゼンダとかシアンなど、実に様々な色があります。

これらの色は虹の中にはありません。それではいったい、これらの色はどのようにして作られるのでしょう？

まず、「白」を考えてみましょう。白は虹の7色にありません。それでは白は、どのようにしてできるのでしょうか。

ここで、虹が作られる様子を思い出してみましょう。虹は太陽などの白色光が水滴などにあたるとできます。つまり、白色光から虹ができるのです。これが白色光の作り方を教えてくれます。「白色光から虹ができる」を逆にたどると「虹から白色光ができる」となります。つまり、虹の7色の光を合わせた色が白色光だったのです。これは波長の言葉でいえば、いろいろな波長の可視光を混ぜたものが白色光という事になります。

このようにして白色光はいろいろな波長の光を混ぜたものである事がわかりましたが、一般に普通の光もいろいろな波長を混ぜ合わせた光になります。つまり、特定の波長の光といった光はほとんどないのです（例外的に原子の出す光もありますが、これは後でまた紹介します）。

例えば今、赤いリンゴがあるとします。すると、赤いリンゴが赤く見えても、赤いリンゴの光を調べてみると、赤から虹の隣の橙の色まで含んでいる事が多いのです。

このように、「色々な波長の光を混ぜ合わせる」事を考慮すると、組み合わせ方によっていろいろな色が無限に作れます。

例えばマゼンダは赤の波長の光と青の波長の光が混ざったものです。シアンは青の光と黄色の光が混ざった色です。

それではこんどはもっと身近なピンクの色が何故できるかを考えてみましょう。

まず、白は虹の7色の光があればできます。ピンクはこれに、赤を少し多くしてやればできるのです（ただし、実際のピンクはこれに青が混ざっていることが多いです）。

## コラム　光から元素を知る

この章では、音は振動数ごとに分けると「音の高さ」に相当する事を学びました。その一方で、光は振動数（波長）ごとに分けると色や光の種類（紫外線、赤外線など）に相当する事を学びました。

そして一般の音は「倍音」に代表されるように、いろんな高さの音が混ざっていて、光の方も太陽の白い光のように、いろんな色の光が混ざっていることも紹介しました。これは波の立場から見ると、一般の音や光の波はいろいろな振動数（波長）の波が混ざっているという事を意味します。

音については本書では随分詳しく紹介してきましたが、それでは光を波長ごとに分けると、何かもっとわかることはないのでしょうか？

読者の皆さんは学生時代の学んだ「炎色反応」を覚えているでしょうか？　ナトリウムを燃やすと黄色に、ストロンチウムを燃やすと深紅色になるなどです。これはより身近なものには「花火」があります。花火の色は、火薬の種類を変えることによって決まってくるのです。例えばナトリウム化合物を使うと花火が黄色くなるのです。

この事は、元素は特有の色の光を出す事を示唆しています。そのため、光を詳しく調べると、逆にその光からどんな元素があるかがわかるのです。

具体的には光をプリズムなどを使って波長ごとに分けます。すると、元素によってどんな波長の光を出すかが決まっているので、どんな元素があるかがわかるのです。例えばナトリウムは黄色い光を出しますが、その黄色い光の波長も決まっているので、もしもその波長の光が見つかればナトリウムがあるという事がわかるのです。

このような方法によって、太陽などの星にどのような元素があるかも調べられました。星が出す光を詳しく観察することによって、星にどのような元素があるかもわかったのです。

このように光を波長ごとに分けて詳しく調べることによって、どのような物質があるか等を調べる方法は分光学と呼ばれ、化学、物理学の分野で広く使われているのです。

# 第5章

# 世界は波であふれている

## 波はどこにある?

私たちは第4章で波に親しむために、光と音の波について学びました。そこでは波の基本である波長、振動数などを通じて光や音を理解してきました。

それではそもそも波とはなんでしょう?

私たちは海に出かけると、海の波を見ることができます。人が泳いでいるプールでは、プールの水面がゆらゆらしていますが、このゆらゆらした水面の様子も波です。さらには私たちが時々体験する地震も、地球がゆらゆらと振動する地球の波です。

このように、**波とは「ゆらゆらしたもの」とか「振動したもの」**という風にとらえればいいでしょう。ですから、例えば縄跳びを伸ばして片方を手で上下させると縄跳びが振動して波ができます。お風呂にビー玉を落としても、水面に綺麗な円形の波ができます。こうしてみると、ありとあらゆる所に波がある事がわかるでしょう。

実は、現代の物理では、この波が意外にも非常に重要な役割を果たします。例えば、この本の最後の章では原子などの小さな世界の話を紹介しますが、そこでも、波が重要な役割を果たします。そのため、波についてこれからより詳しい知識が必要になります。そこでこの章では、波の基本的な性質を様々な現象を通じて学んでいきます。

## 波の重ね合わせ

波の基本的な性質を紹介しましょう。

今、2つの波1、波2があるとします。これらの波がぶつかるとどうなるでしょう?

実は、ふたつの波がぶつかると、それらの波を単に足し合わせたもの、

波1＋波2

となります。これを**波の重ね合わせ**と言います。

この式は単なる足し算なのでとても単純ですが、実は「**波の強めあい、弱めあい**」と呼ばれるとても重要な内容を含んでいます。

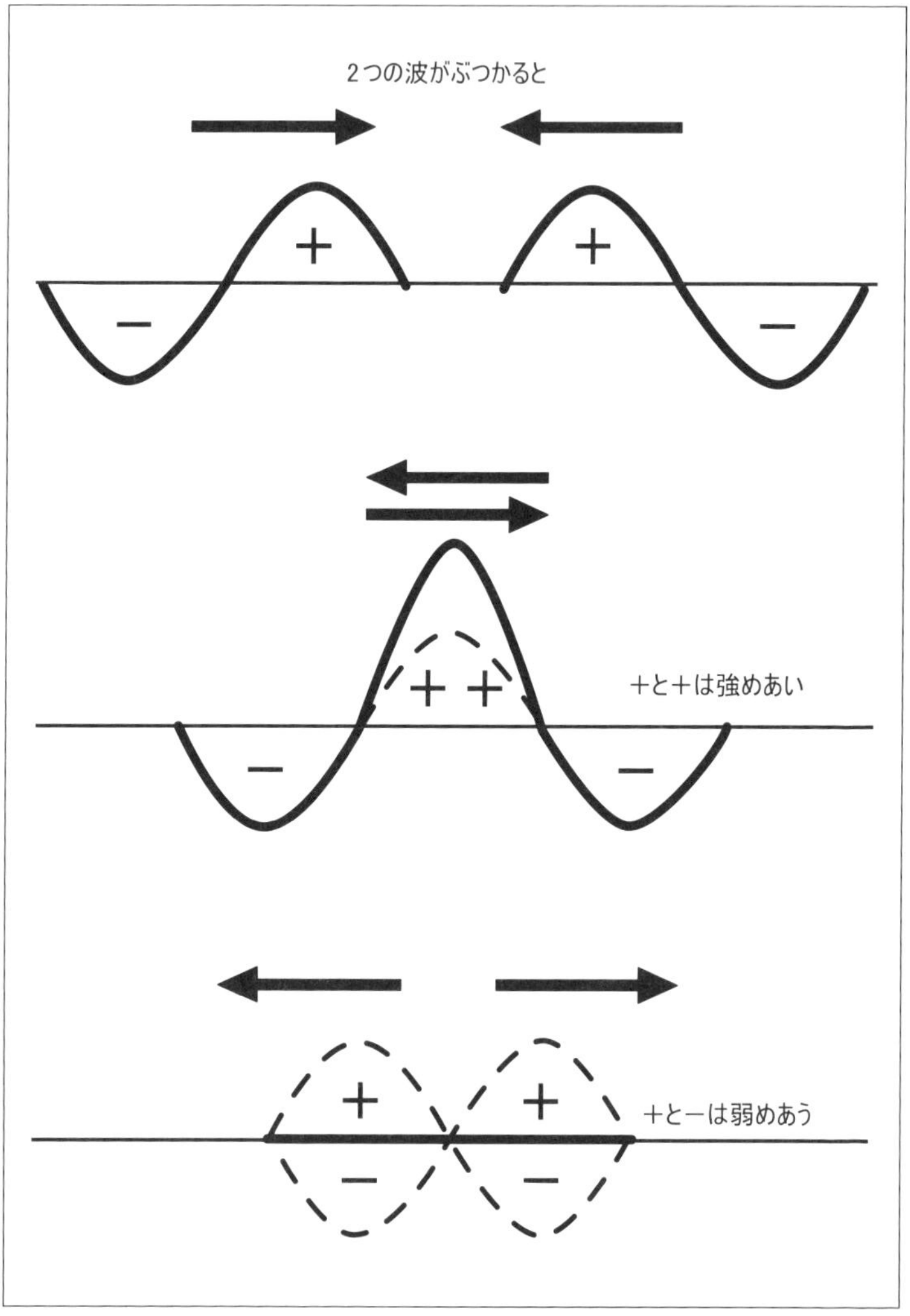


図5・1　波の重ね合わせ。波がぶつかると、強めあったり弱めあったりする。

今、2つの波がプラス、マイナス…と波打っているとします。これは、プラスを波の高い所、マイナスを波の低い所と考えるとわかりやすいでしょう。ここで、図5・1の上図のように2つの波が衝突すると、どんな形の波ができるでしょうか？

まず、お互いの波のプラスの先頭部分が衝突すると、真ん中の図のように波1＋波2ですから大きなプラスの波になります。つまり、より高い波が作られます。

つまり、波の高い所どうしがぶつかると、波は強めあってより高くなるのです。同様に、波の低い所どうしがぶつかると、波は強めあってより低くなります。これは**「2つの波が強めあっている」**等と言います。海などでも、高い波どうしがぶつかるとさらに波が高くなりますね。

それではさらに波がぶつかっていくとどうなるでしょう？　今度は図5・1の下図のように右の波のプラスと左の波のマイナスが加わり、右の波のマイナスに左の波のプラスが加わります。

プラスとマイナスを足すと打ち消しあいます。例えばプラス1とマイナス1を足すとゼロになります。そのため、この時はプラス・マイナスが打ち消しあってゼロになってしまうのです。つまり、波の高い所と低い所がぶつかると、波がお互いに打ち消しあうのです。これは**「波が弱めあっている」**等とも言います。

これは当たり前と思うかもしれませんが、ボールやビー玉などの物体の場合、「弱めあう」事はありません。例えばビー玉は1、2、3個とは数えますが、ビー玉マイナス1個とは数えません。

そのため、ビー玉の個数の場合はプラスとマイナスが弱めあって打ち消しあうという事はありません。プラスマイナスが弱めあって打ち消しあうという現象は、波の重要な特徴のひとつなのです。

## 干渉模様

波の重ね合わせの例として有名なものに、「干渉模様」があります。

例えば真夏の太陽がさんさんと照りつける中、プールに潜りプールの底を見ると、しばしば綺麗な水面の模様を見る事ができます。これは、プールの水面で沢山の波が重なり合って強めあい、弱めあいが起こり、複雑な波が作られ、その波が太陽光にあたってプールの底で綺麗な模様になるのです。このように波は複雑で綺麗な模様を描く事があります。そして複数の波が重なり合ってできる模様を干渉模様と言います。

一方、波の源の数が少ない時は、結構単純で綺麗な模様を描きます。

その中でも、とくに有名な模様が「2つの波の源が作る模様」です。今、ある公園に噴水用の池があり、その池に2つ噴水があるとします。この噴水は普通は勢いよく水が出ますが、今仮にこの噴水の出力を弱くしてみましょう。すると、噴水で水が押し上げられるので、円形の水の波ができます。しかも2つ噴水があるので、円形の水の波が2つできます。この2つの波がぶつかると、「波の強めあい、弱めあい」が起こります。その結果、2つの円形の波は綺麗な模様を描くのです。

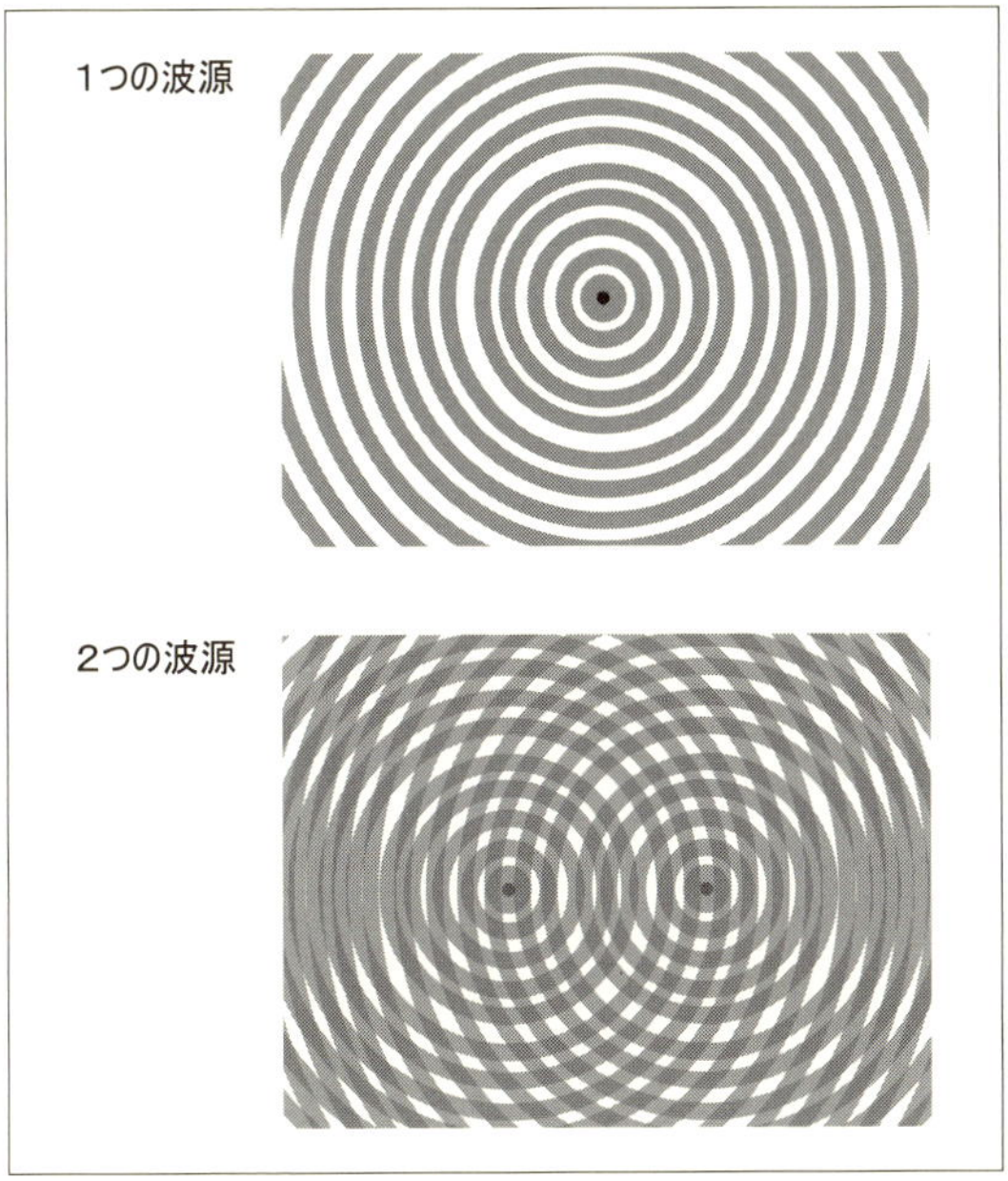


図5・2　1つの波と2つの波。2つの波がぶつかると、波が強めあい、弱めあって特徴的な綺麗な模様ができる。

さて、このような干渉模様からある事がわかります。それは、このような干渉模様があると、逆にこれらの模様が「波から作られた」という事が推測できるのです。特に図5・2の下図のように2つの波からできる模様は詳細の形がわかっているので、そのような模様があると、逆にこれらが「2つの波から作られた模様」である事が推測できるのです。この事は本書の最後の章で出てきますので、ぜひ覚えておいてください。

## 見えなくても音が聞こえるわけ

波には「拡がる」性質があります。今度はこの「拡がる」性質に焦点をあてて調べてみましょう。

### 姿は見えないけど音は聞こえる

こんな経験はないでしょうか？　例えば物陰で様子は見えないけど声は聞こえるとか、部屋の中でくつろいでいると、外で何か音はするけど姿は見えないという経験です。当たり前と思うかもしれません。でも、どうして音だけ聞こえて姿は見えない事があるのでしょう？

ここではその謎を解き明かしてみましょう。

今、港に防波堤があるとします。ここに海の波が入り込むと、どうなるでしょうか？

海の波は防波堤を通り過ぎると、まっすぐ進む事は普通ありません。「ほわんほわん」と海の波が拡がっていくのです。このように、波は「拡がる」性質があります。

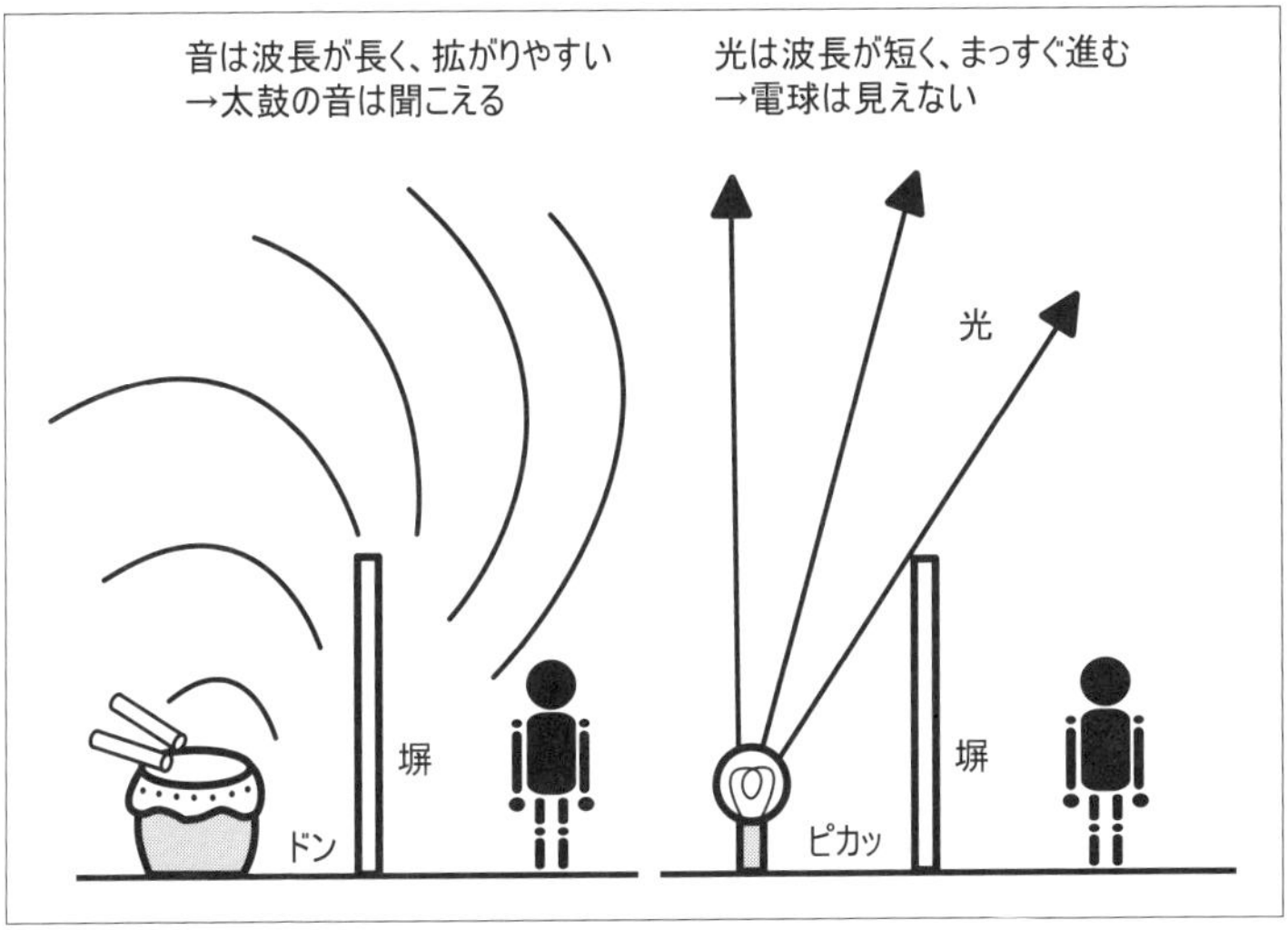


図5・3　姿は見えずとも音は聞こえるわけ。

しかしながら、この広がり方は波長によって変わってきます。一般に、波長が長い波ほど「ほわんほわん」と拡がっていくという性質があります。これを「回折」等と言います。波長が短くなると、今度は逆に拡がりにくくなります。そしてどんどん波長を短くしていくと波はまっすぐ進むようになるのです。つまり、**「波長の長い波は拡がりやすく、波長の短い波はまっすぐ進みやすい」**のです。

この現象を身近な音と光で考えると直感的に理解できます。今、図5・3の右図のように大きな塀を挟んで左に電球、右に人間がいるとします。塀があるので人間から見て電球は見えません。当たり前と思うかもしれませんが、これにはきちんとした理由があります。

私たちが見ている光の波長は非常に短く、380nm～780nm程度です。そのため光はまっすぐ進むので、塀があると塀の後ろの景色は見えないのです。

ところが、塀があっても図5・3の左図のように塀のうしろで太鼓をたたくと、太鼓の音はきちんと聞こえます。つまり、音は塀を乗り越えて伝わるのです。これは、音の波長はだいたい1・7cm～17mと非常に長く、塀を通り過ぎるとほわんほわんと音が拡がっていくためです。

このような身近でしばしば経験する「姿は見えないけど音は聞こえる」という経験は、**光は波長が短くまっすぐ進むので塀があると見えないが、音は波長が長くてほわんほわんと拡がるので塀があっても聞こえる**ためなのです。

さて、波長が短い波はまっすぐ進みやすい事を紹介しました。しかしながら拡がらないものは波だけではありません。まっすぐ進む（拡がらない）ものの例として、ほかにボールなどの普通の物体があります。つまり、

「波は波長が長いとほわんほわんと広がり、波長が短いとボール（物体）のように拡がらずに進む」

のです（しばしば物体のかわりに粒子でたとえられる事が多いです）。このようにしてみると、波長が短い時はボールなどの物体と進み方が似ているので、波は物体と性質が似てきます。しかしながら波長が長くなると物体と異なり波が拡がりやすくなるので、波としての特徴は波長が長い時に顕著になるのです。

## 波か粒子かを見分けてみよう

先ほど「拡がる波長の長い波と、ボール（物体）のように拡がりにくい波長の短い波」の話をしました。自然科学の世界では、このように「波としての特徴が現れるのか、波長が短く、ボール（物体）のような特徴が現れるのか」がしばしば重要になります。

例えば今、壁があり、その壁に2つの穴があったとしましょう。壁の左から波が来たとします。この時、波の波長が長いか短いかをどのように見分ける事ができるでしょうか？　ちょっと次の例で考えてみましょう。

まず、波長が長い時を考えましょう。波長が長い時は波がほわんほわんと広がります。しか

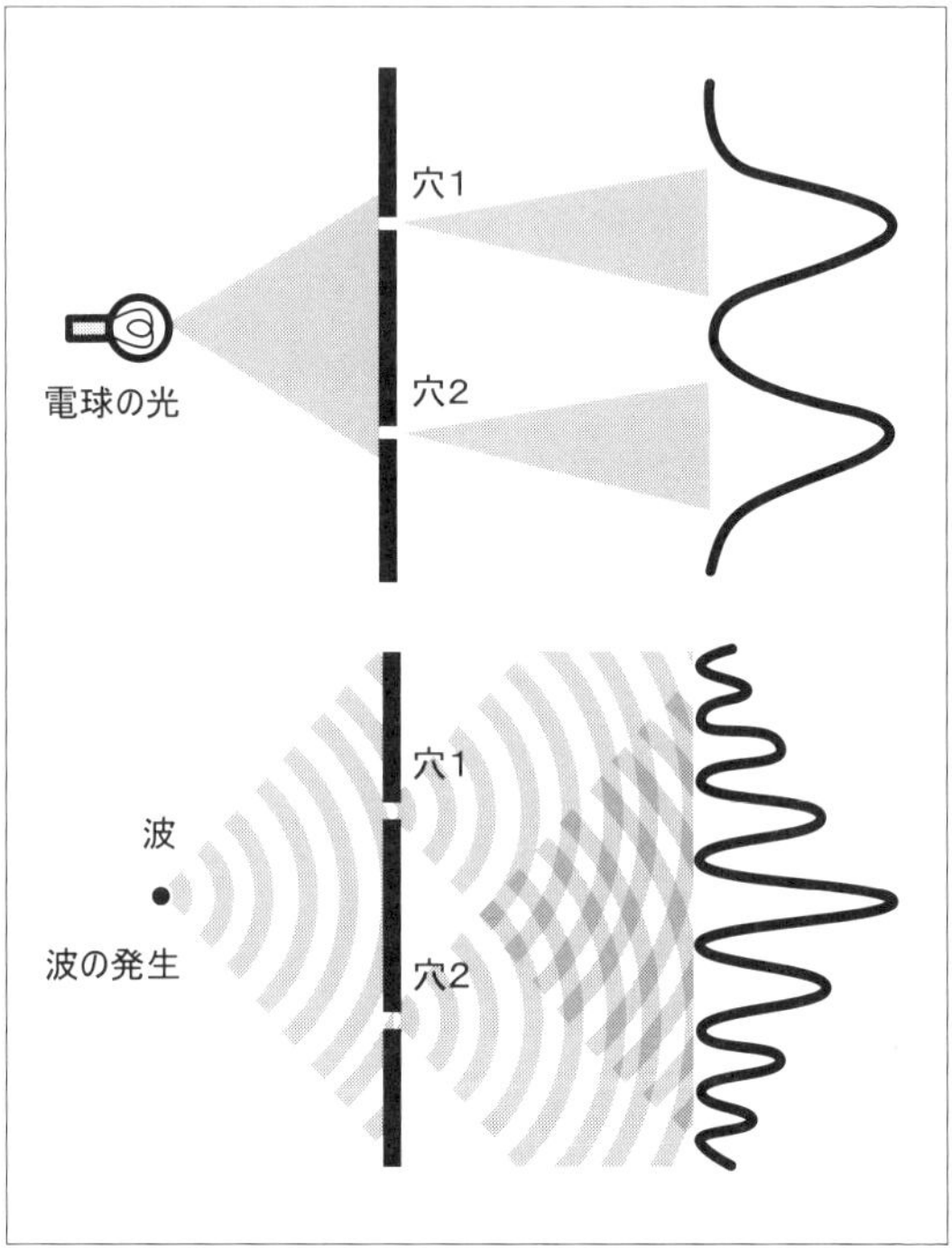


図5・4　波長が短い波と波長が長い波。波長が長いと特徴的な綺麗な模様ができる。

も波長が長いので、図5・4の下図のように見た目にも波が強めあったり弱めあったりする様子がはっきり見てとれます。その結果、綺麗な模様ができあがります。この模様は実は単に2つの穴から2つの波が生まれているので、前の干渉模様の節で紹介した図5・2の2つの円形の波が作る模様と同じになります。

一方、上図のように波長が短い時は光はあまり広がりませんし、見た目にも波が強めあったり弱めあったりする様子がわかりにくくなります。その結果、波であるにもかかわらずボールなどの物体のように、単に穴の後ろをまっすぐ進みます。

つまり、**「上図のようにまっすぐ進むと波長は短く、下図のような模様ができれば波長は長い」**ことが推測されるのです。

この本では光を波として紹介してきました。この時、壁に2つの穴をあけて光を通すと普通は綺麗な干渉模様はできず、単に穴の先の方に2つの光線が届くだけです。たったこれだけの事実から、「光が波長が短く、物体のように拡がらない傾向が顕著になってる」事がわかるのです。

## 5・1chサラウンドシステムの0・1とは?

拡がる波と拡がりにくい波の話をしましたが、ここではこれと関連して5・1chサラウンドシステムの話をしましょう。

人間の耳は左右の耳に来る音の違いなどからその音がどこから来るか判断していると言われています。例えば誰かに名前を呼ばれたとき、その声が左からなのか後ろからなのかを私たちは聞き分ける事ができます。

この性質を利用すると、人工的に立体的な臨場感のある音を作る事ができます。最近は自宅に居ながら映画館のような立体的な音が聞こえる5・1chサラウンドシステムが簡単に手に入るようになっています。このシステムを使うと、まるでその場にいるように後ろから横から前からいろいろな音が聞こえてくるのです。

かつて家庭用のスピーカーといえば、モノラル（スピーカー1個）か、よりリアルな音が得られるステレオ（スピーカー2個）でした。単純に考えると、スピーカーの数を増やせば増やすほど立体的な音が得られます。5・1chサラウンドシステムではステレオよりももっとたくさんのスピーカーを使って立体的な音を作ります。

このシステムはまず基本的には前左右に2つのスピーカー、後ろ左右に2つのスピーカー、中央に1つのスピーカーがあります。この5つのスピーカーで音を立体的にしているのです。chはスピーカーの数を表します。そこで5個のスピーカーならば5・0chとなります。それならば何故、5・0chでなく5・1chサラウンドシステムなのでしょう？

実はもう1つ、低音だけを出す大きなスピーカーがあるのです。低音だけなので1chとは数えず0・1個分という事で0・1chと数えるのです。面白いですね。つまり5・1chとは5個のスピーカー＋1個の低音のみのスピーカーの合計6個のスピーカーを使っているのです。

さて、それではこの低音のみのスピーカーはどこにおけばいいのでしょう？

ここに「拡がりやすい波と拡がりにくい波」の話が関わってきます。

高い音は波長が短いのでボールのようにまっすぐ進みやすく、そのためスピーカーの置く位置や向きも重要になります。例えば前に置くべきスピーカーを後ろに置いたらだめです。ところが低い音は波長が長いので、ボールのようにまっすぐ進まず、波のように音がほわんほわんと拡がります。そのため、そもそも低い音は拡がってしまい、音がどこから出てきたかわかりにくいのです。そのため、置く場所はそれほど重要ではないのです。

## 日光の鳴竜は音の反射を利用している

5・1chサラウンドシステムで音場空間について説明したので、音場空間についてちょっと補足の話題を紹介します。

山に旅行して「やっほー」と大きな声を出すと、反対側の山から「やっほー」とやまびこが聞こえてきます。これはもちろん反対側の山に音が跳ね返っているため起こる現象です。

同じように、屋内でも音は反射しています。そのため、部屋の形、壁の材質（カーテンなどだと吸音しやすい）などもリアルな音場空間を作るうえで影響を与えます。

さて、部屋の形状を工夫して作られたものの例に、日光の日光東照宮の薬師堂の鳴竜というものがあります。

この竜は日光東照宮の薬師堂の天井に描かれています。薬師堂の方が拍子木を打つと、普通に拍子木を打つ木の音が聞こえます。しかし、同じ拍子木を竜が描いてある天井の下で打つと、まるで竜が鳴いているかのような反響音がするのです。

これは、竜が描いてある天井の高さ、拍子木の音がうまく共鳴しあってこのような音が聞こえます。ぜひ、日光東照宮に行って体験してみてください。

## 海の中で綺麗な音楽は聞こえるの？

今度は海の中での音の話をしましょう。グアムや沖縄などでシュノーケリングすると、簡単に綺麗な熱帯魚をたくさん見る事ができます。私たちは普段地上で美しい自然の姿を目にしますが、地上だけではなく、海の中にも美しい世界がたくさん広がっているのです。

それでは海の中には地上のような綺麗な音は聞こえるのでしょうか？　水中でも5・1chサラウンドシステムのようなシステムを使ってコンサート会場のような臨場感のある音を楽しむ事はできるのでしょうか？

実は水中は空中よりも音の速さは4倍ほど速く伝わります。その結果、音が速すぎて人間の耳は音を立体的にとらえる事はできなくなるのです。

筆者はこの事を沖縄で受講したダイビングライセンス取得講習で学びました。地上では車の音を聴くと、その車が後ろから近づいているのか、前から近づいているのか等わかりますが、海の中では船のスクリューの音が聞こえても、単に漫然とスクリュー音がするだけなのです。どこから船が近づいているかは音ではわからないのです。そこで、きちんと目で見て船がどこにあるかを確認して、自分自身が船とぶつからないように気を付ける必要があるのです。

つまり、ダイバーは「水中では音がしてもその方向はわからない」という事を把握して、スクリュー音などの音がした場合はきちんと目で船の位置を確認する必要があるのです。

このような状況なので、水の中では立体的な音楽や映画の音声を楽しむ事はできません。水の中は単にモノラルの音が聞こえるだけの世界なのです。

私たち人間はそもそも地上での生活に適応した生き物なので、水の中できちんと音を把握できるようにはできていないのです。その一方、海の中で暮らすイルカは音を聞く能力がとても発達しています。イルカは「超音波」という、私たちの耳に聞こえる音よりも波長の短い音を聞く事ができます。イルカは頭から超音波を出して、下あごで音を聞くそうです。超音波は波長が短いので、まっすぐ進みやすく、私たちが聞く音よりも方向性がはっきりしています。イルカはこのすぐれた音を聴く機能を使って、水中で餌を探すそうです。

## ドップラー効果

救急車やパトカーなどのサイレンの音を出す車の音は、非常に面白い性質を持っています。それは、同じサイレンの音なのに、車が近づいてくる時と遠ざかっていく時で音の高さが違って聞こえるのです。例えばサイレンの音を出す車が近づいている時は、サイレンの音はより高い音に聞こえます。ところがサイレン音を出す車が遠ざかるときは、今度は逆にサイレンの音は低く聞こえるのです。

それでは何故、近づいたり遠ざかったりするだけでサイレンの音が高くなったり低くなったり

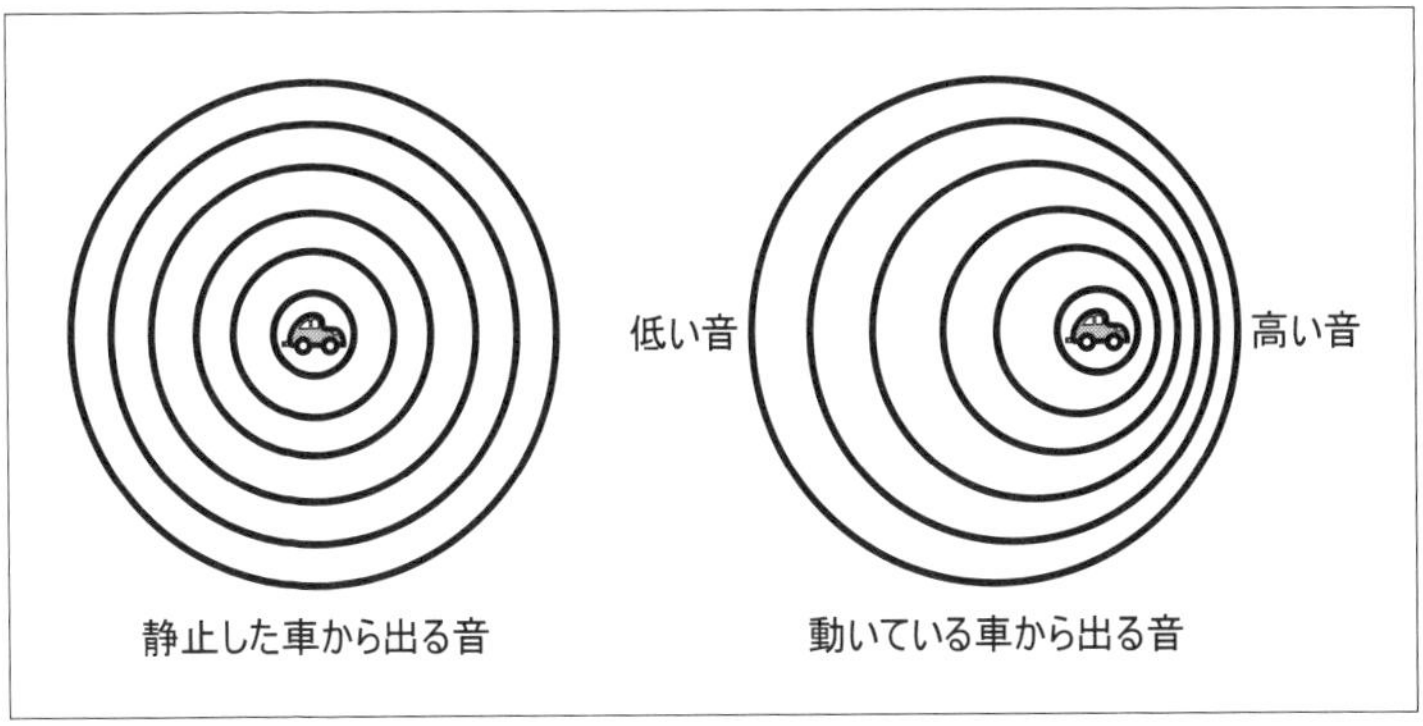


図5・5　ドップラー効果。車が動くと前の波長が短くなり、後の波長は長くなる。

するのでしょう？

ここで高い音は振動数が大きく（波長が短く）、低い音は振動数が小さい（波長が長い）ことを思い出しましょう。このことは、サイレンの車が近づくと振動数が大きく（波長が短く）なり、サイレンの車が遠ざかると振動数が小さく（波長が長く）なる事を意味します。そこで、車が近づいたり遠ざかったりするだけで、本当にこのように振動数や波長が変化するか調べてみましょう。

今、図5・5の左図のようにサイレンの車が止まっているとしましょう。すると、車は等しい波長の球面の音波を出します。ここで右図のように車が右に動いたとします。すると、車は右側に出た音波を追いかける状態になるので、結果として車の右側の音波の波長は短くなります。そのため音は高くなります。

逆に車の左側は左側に出た音波から遠ざかる状態にな

るので、波長は伸びて長くなります。そのため、音は低くなります。

このように音源などが動いて振動数（波長）が変化する現象をドップラー効果と言います。

それではどれくらい音は変わっているのでしょうか？　今、サイレンの音を出す車が時速72キロメートルで走っていたとします。音速は気温15度のとき、３４０ｍ／秒としましょう。

すると、車が近づくときは約６％ほど音は高くなり、遠ざかるときは約６％ほど音は低くなります。この６％は、およそ第４章で紹介した平均律のピアノの鍵盤の１つ分の音の高さの違いです。「ド」の音と「レ」の音には真ん中に黒い鍵盤があります（ド#）。そこで、サイレン音を出す車から「ド」と「レ」の間の黒い鍵盤の音（ド#）の音を出すと、車が近づく時には鍵盤ひとつ分だけ音が高い「レ」の音に聞こえて、車が遠ざかる時は鍵盤ひとつ分だけ音の低い「ド」の音に聞こえるのです。

## コラム　宇宙は大きくなっている？

子持ち銀河、ひまわり銀河などなど…天体望遠鏡で夜空を見ると、たくさんの美しい銀河が見つかります。これらの銀河からの光を詳しく調べる中で、私たちの宇宙の事について様々な事が明らかになりました。後述するように、なんと宇宙が大きくなっている事が明らかになったのです。

アメリカのエドウィン・ハッブルは、夜空に輝く銀河の光を詳しく調べた所、銀河の光の波長が伸びている事を明らかにしました。銀河からの光の模様が、地球上で知られている光の模様と比較して、なんと波長が長い方にずれていたのです。赤い光は波長が長いので、これを「赤方偏移」等と言います。

光の波長が伸びる?

これは、いったいどのように解釈すればいいのでしょう。

これは先ほどの車のサイレンの音のドップラー効果と同じように解釈できるのです。サイレンの音を出す車が遠ざかると、図5・5の右図のように音の波長が伸びて低いサイレンの音が聞こえます。ここから逆に、**車のサイレンの音が低ければ、「車は遠ざかっている」**事がわかります。

今、「サイレン音を出す車」を「光を出す銀河」に置き換えてみましょう。すると、**銀河の場合は光の波長が伸びているのですから、「夜空の銀河は遠ざかっている」**と解釈できるのです。

さらに詳しく調べていくと、遠くの銀河ほど光の波長が伸びている事がわかりました。サイレンの音を出す車の場合、車が速く遠ざかるほど、音の波長はより伸びてサイレンの音はより低い音になります。そこで、「遠くの銀河ほど速いスピードで地球から遠ざかっている」と解釈できるのです。

「遠くの銀河ほど速く地球から遠ざかっている?」

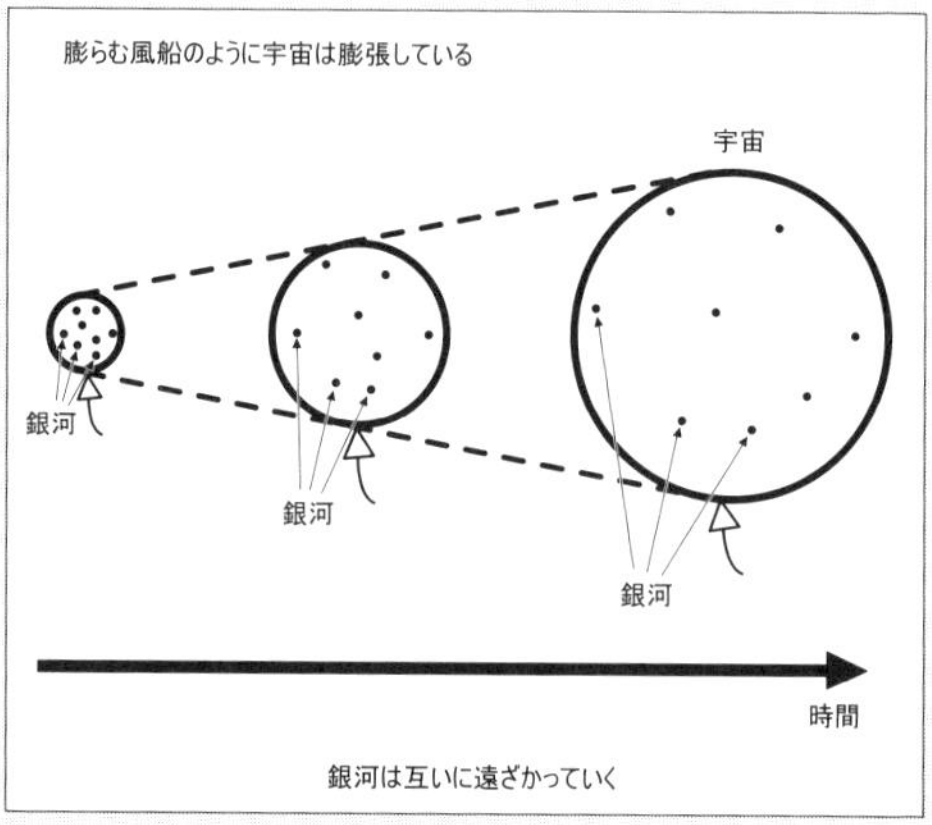
膨らむ風船のように宇宙は膨張している
宇宙
銀河
銀河
銀河
時間
銀河は互いに遠ざかっていく

図5・6　宇宙が膨らむ風船のように膨張すると、銀河は互いに遠ざかっていく

この事実をどう解釈すればいいのでしょう？　今、図5・6の一番左のように、風船に銀河の絵（小さいので点になっています）を描いてみましょう。

この風船を膨らますとどうなるでしょう？　図5・6のように風船が膨らむにつれて銀河の絵は互いに離れていきます。そして離れた銀河の絵ほど、より大きく離れていきます。

つまり、「宇宙が風船のように膨張している」と考えれば、「遠くの銀河ほど速く地球から遠ざかっている」事を説明できるのです。ハッブルの銀河の観測から、なんと宇宙が膨らむ風船のように膨張している事がわかったのです。サイレンの音のドップラー効果と、宇宙の膨張がつながるなんて、とても不思議ですね。

宇宙はしばしば「永遠不変」なものとして考えられていました。しかしながら、ハッブルの銀河の観測から「宇宙は永遠不変ではなく、宇宙ですらも変化している」という事がわかったのです。

さて、宇宙が膨張しているという事を逆に考えると、昔の宇宙は今よりも小さかったはずです。それではどんどん時間をさかのぼると、宇宙はどうなるのでしょう?

ロシア生まれのガモフは、宇宙は昔ビッグバンという火の玉宇宙の大爆発で始まり、その後宇宙はやはり図5・6のように膨張し続けていると主張しました。現在ではそのビッグバンは137億年前におこったとされています。

# 第6章

# 電気と磁気が似ているわけ

## 電気と磁気は双子みたい？

世の中には、一見何の関係もないと思っていたら、実は同じであったりもしくは似たものであったり、お互いに密接な関係があったという事が時々あります。

例えば、パーティー会場等で知らない人が近くにいると思ったら、よく見ると仮装した自分の家族だったという経験がある人もいるかもしれません。

これとある意味似ていますが、実は自然の世界にも無関係と思われていたものどうしが実は似たものどうしであったり、相互に深く関係している場合があります。

例えば第2章のコラムでも紹介した「質量とエネルギーは等しい（$E = mc^2$）」などはその一例です。自然科学の世界では、このように無関係と思われていたものどうしが深く結び付く事によって発展していくことがしばしばあります。

さて、この章では電気と磁気を学びます。この電気と磁気は一見全然違うもののようにも見えます。

まず電気についてですが、私たちは電気に囲まれて生活しています。室内の照明や冷蔵庫、エアコンなどの家電はもちろん、屋外に出ると電車、街灯などいたるところに電気があります。学校で乾電池と豆電球を銅線で結ぶと豆電球が光る実験を経験した人も多いのではないでしょうか？

一方、磁気（マグネット）というと、私たちの身近には「磁気カード」や、メモ止め等に使われるマグネット文具などがあります。もっと身近な磁気の例は私たちの地球です。「方位磁石」で北や南の方角がわかるのも、地球が一つの磁石だからです。

このように電気と磁気の身近な例を見てみると、確かに

「電気と磁気には何の関係があるの？」

と思うかもしれません。

この章で次第に明らかにしていきますが、実は**電気と磁気はとてもよく似ているもの**なのです。電気と磁気は人間に例えると「双子」のようです。さらにはとてもよく似ているばかりでなく、相互に深く関係しているのです。しかしながら別の人間のように違った側面もあります。電気と磁気はどこが同じでどこが違うのか、早速探っていきましょう。

# 磁石と磁力線

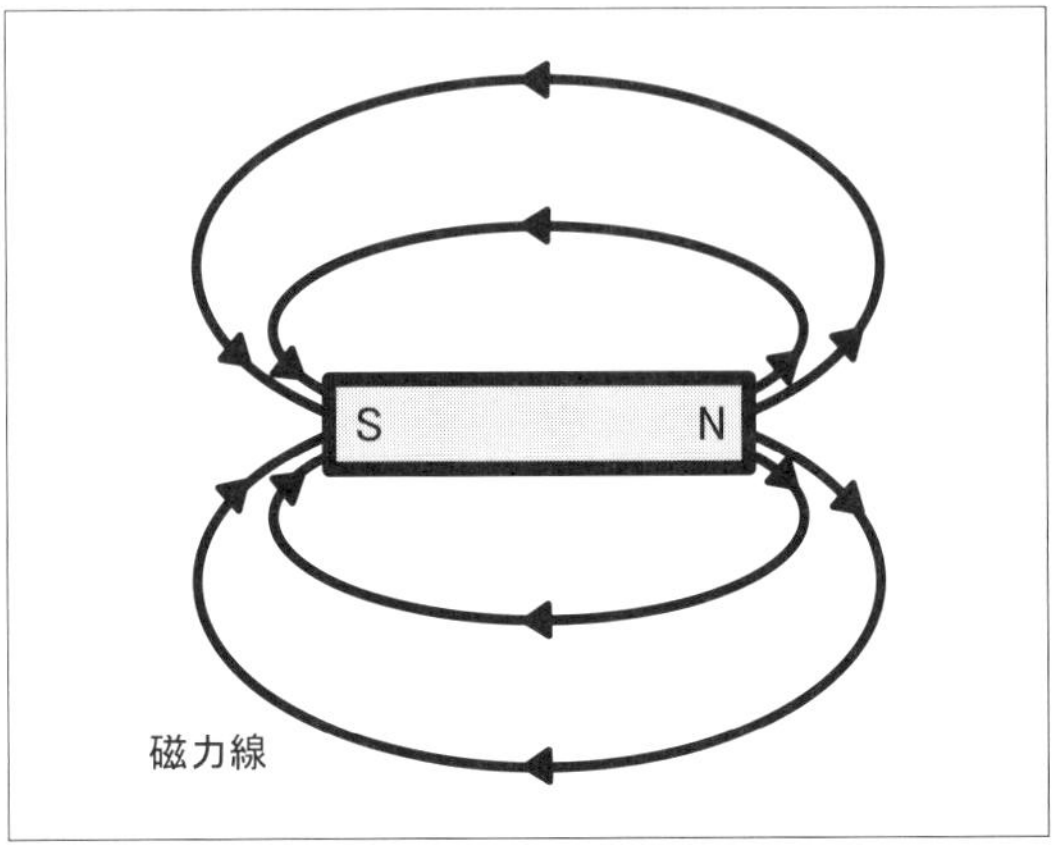


図6・1　磁力線。磁力線は磁石のN極から出て、S極で消えている。

電気と磁気を考える際、基本となるのが磁力線です。そこで、磁力線を調べてみましょう。

今、棒磁石、砂鉄と紙を用意します。また、簡単のため磁石は固定しておく（時間変化しない）とします。紙の上に砂鉄をふりかけます。そして紙の下に磁石を置くと、砂鉄が綺麗な模様を描きます。

このような実験は多くの人が子供のころに経験した事があるのではないでしょうか？　しかし、こんな実験を紹介すると、「学びなおすと言っても簡単すぎないか？」と思う人もいるかもしれません。しかし、実はこの実験は、磁石だけでなく電気をも理解する上でとても基本的かつ重要な内容を含んでいます。そこで、この実験を出発点に、まずは磁石の性質を理解してみましょう。

磁石の性質を理解するのに、図6・1の「磁力線」がしばしば使われます。

磁力線の描く模様は、砂鉄が描く綺麗な模様と大変よく似ています。そのため、直感的には砂鉄が描く綺麗な模様を思い浮かべながら磁力線の性質を調べることができます。

磁力線はまず、次の性質を持ちます。

磁力線の密度が大きいほど、磁石は強い力を受ける。

これも直感的に理解しやすいと思います。例えば磁石の極の近くでは強い力を受けますが、磁石から遠ざかるとほとんど力を受けません。これは、磁石の極の近くでは磁力線の密度が高いが、遠ざかると、磁力線の密度が小さくなるからです。

この考えを使うと、弱い磁石と強い磁石の磁力線も描く事ができます。強い磁石はたくさんの磁力線を出し、弱い磁石は少ししか磁力線を出さないわけです。

磁力線のもう一つの性質は、

磁力線はN極から出て、S極で消える。

というものです。これは磁石の力が磁石から生まれるという事を表しています。磁力線は途中で突然消えたりしません。また、何もない所から磁力線が生まれたりしないのです。

## 磁場と場

以上、紹介した磁力線という考え方は、とても重要な考え方を示唆しています。

それは、**「場」という考え方が潜んでいる事**です。

磁力線を見ると、「磁石から直接力が働いている」と捉えるよりも、「磁石があると磁力線ができ、その磁力線の中に磁石を置くと力が働く」と捉える事もできます。このような考え方を推し進めていくと、**「磁場」**という考え方になります。

磁石があると、空間に「磁場」ができ、そこに磁石を置くと、磁場の大きさに応じて力を受けるというものです。磁場は向きと大きさがあるので、ベクトル（矢印）で表す事ができます。普通はこれを$\vec{B}$などと書きます。

磁場の強さは磁石の近くでは強く（矢印が長く）、磁石から離れると弱く（矢印が短く）なっていきます。

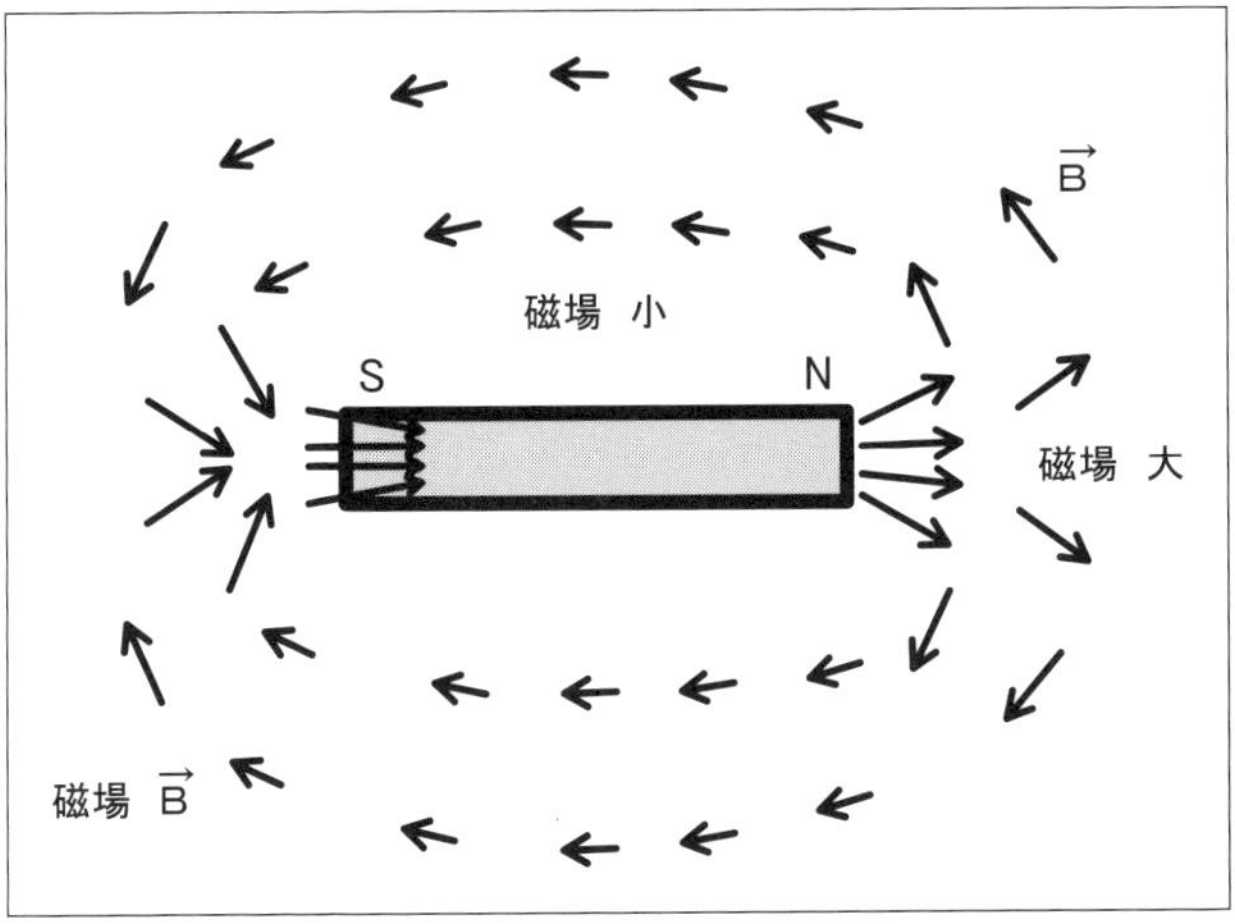


図6・2　磁場。矢印の大きさが大きいほど、磁場は大きい。

ここで面白いのは、磁場は空気とか水とかの何らかの物質でできているのではなく、**空間そのものに磁場ができる**という風に考えていることです。つまり、何もない真空中であっても磁場はできるのです。

さらに、磁場はベクトルで表されるので、磁力線よりもより複雑な状況を理解することができます。例えば、2つの磁石のN極を近づけると、2つの磁石が作る磁場は互いに逆向きなので打ち消しあいます。この様子は磁場で表すとても簡単です。片方を $\vec{B}$ とするともう片方は $-\vec{B}$ となり、2つの磁場を足し合わせると$\vec{B}-\vec{B}=\vec{0}$ となるからです。

また、磁力線は直観的な理解には役立ちますが、正確に理解するためには磁場を使います。ここでは磁場を紹介しましたが、このような「場」という考え方に立つと、これから紹介する電気も理解しやすくなるのです。

ちなみにこの「場」という考え方は現代物理学において非常に重要な役割を果たしています。

## 電気と電気力線

さて、それでは今度は電気の場合を考えましょう。

磁石にN極とS極があるように、電気にはマイナスの電気とプラスの電気があります。マイナスの電気の身近な例は「電子」や「マイナスイオン」です。一方、プラスの電気を持つ物の身近な例は「プラスイオン」です。これらも磁石と同じように考えると、簡単に理解できます。つまり、磁力線の説明において、**N極→プラスの電気、S極→マイナスの電気**と置き換えるのです。

そして磁力線に相当するものは**電気力線**と呼ばれます。電気力線は以下のような性質があります。

> 電気力線はプラスの電気を持つ物から出て、マイナスの電気を持つ物で消える。

これも、電気力線はプラス、マイナスの電気から生まれ、電気力線は何もない所で消えたり生まれたりしない事を表しています。

> 大きな電気を持ったものほどたくさんの電気力線を出す。

これも磁力線と同じです。電気力線の密度が大きいほど、強い力を受けるのです。
先ほど直感的にわかりやすい磁力線を一般化してより正確な磁場を導入しました。同じように、直感的にわかりやすい電気力線に対応して、より正確な「**電場**」といったものがあります。電場はしばしば $\vec{E}$ 等と書かれます。

磁力線と磁場と同じように、電気力線の密度が大きい所では電場が大きく、電気力線の密度が小さい所では電場は小さくなります。

## クーロンの法則

磁気の場合、磁石に近づくと、磁場は大きくなり、磁石から離れると磁場は小さくなります。それでは電気の場合、プラスの電気、もしくはマイナスの電気に近づくと電場はどうなるのでしょうか？

もちろん、電気を持った物に近づくと電場は大きくなり、離れると電場は小さくなります。それでは

電気を持った物からの距離が2倍になると、電場は何倍になるでしょう？
ア　$\frac{1}{2}$倍　イ　$\frac{1}{4}$倍　ウ　$\frac{1}{8}$倍

どうでしょう？　これは、電気力線を調べるとよくわかるのです。そこで、電気力線を使って調べてみましょう。

今、図6・3の上図のように、プラスの電気を持った物体（例えばプラスイオン）から電気力線が出ているとします。すると、明らかに電気を持った物体付近では電気力線の密度が大きい

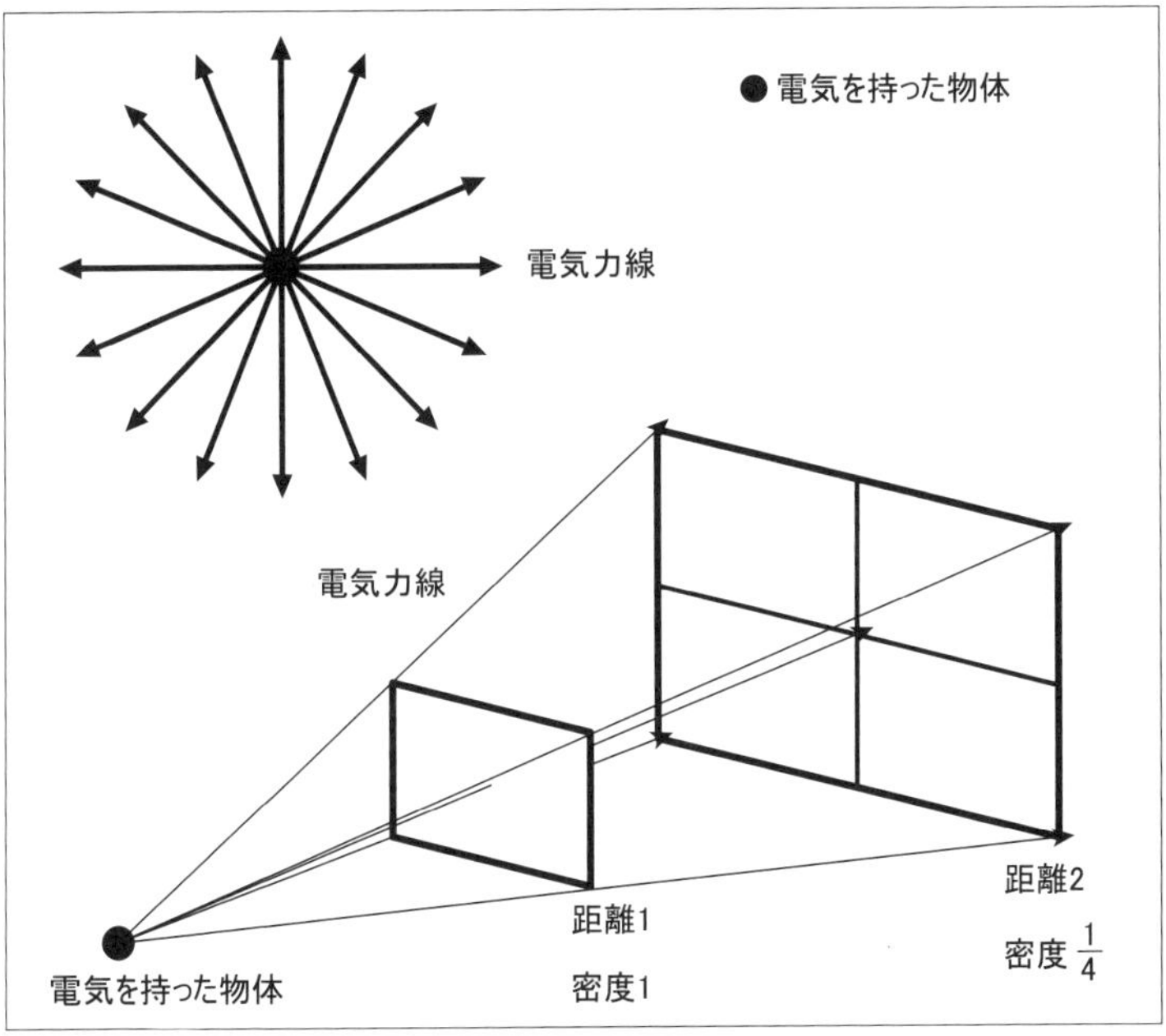


図6・3　クーロンの法則。電気力線が電球から出る光のように等方的に出ている時、下図のように電気力線の密度（電場）は距離が2倍になると $\frac{1}{4}$ 倍になる。

ので、電場は大きくなります。その一方で、電気を持った物体から離れると、電気力線の密度は小さく、電場が弱くなる事もわかります。

それではどのくらい弱くなるのでしょうか？

これは、等方向に電気力線が出ているので、正確に調べることができます。今、下図のようにある距離のところに四角形を描きます。この四角形にはある数だけ（図6・3の下図では5本）電気力線が通っているとします。

この時、距離を2倍にする

と、通る電気力線の数は変わりませんが、四角形の面積は縦2倍、横2倍で合計4倍になります。つまり、面積が4倍になるので、電気力線の密度は$\frac{1}{4}$倍になります。このため、電場$\frac{1}{4}$倍になります。つまり、答えは「イ」です。

一般に距離を$a$倍にすると、四角形の面積は縦$a$倍、横$a$倍で$a^2$倍になるので、電気力は$\frac{1}{a^2}$倍になるのです。式にすると

$$電場 = 比例定数 \times \frac{電荷}{距離^2}$$

となります。これを**クーロンの法則**と言います（より正確には、クーロンの法則から求まる電場です）。このように電気力線を考えると、クーロンの法則が直感的に理解できるのです。

## ガウスの法則

さて、クーロンの法則について言えば、昔学校で学んだことのある人も多いでしょう。

電気力線を使わなくても、クーロンの法則は知っているという声も聞こえてきそうです。しかし、クーロンの法則をわざわざ電気力線で説明したのにはきちんとした理由があります。それは、**「クーロンの法則は必ずしも成り立つわけではない」**のです。

クーロンの法則はそもそも電気力線が一様に出ている事を利用して説明しました。しかし今、プラスの電気を持ったプラスイオンをある速度で動かしてみましょう。すると、電気力線はどうなるでしょう？

実は動いているので、電気力線の形がつぶれて変わってしまうのです。クーロンの法則は電気力線がすべての方向に同じように綺麗に出ている場合に成り立ちます。そのため、**電気を持っている物が動いている場合はクーロンの法則は成り立たない**のです。

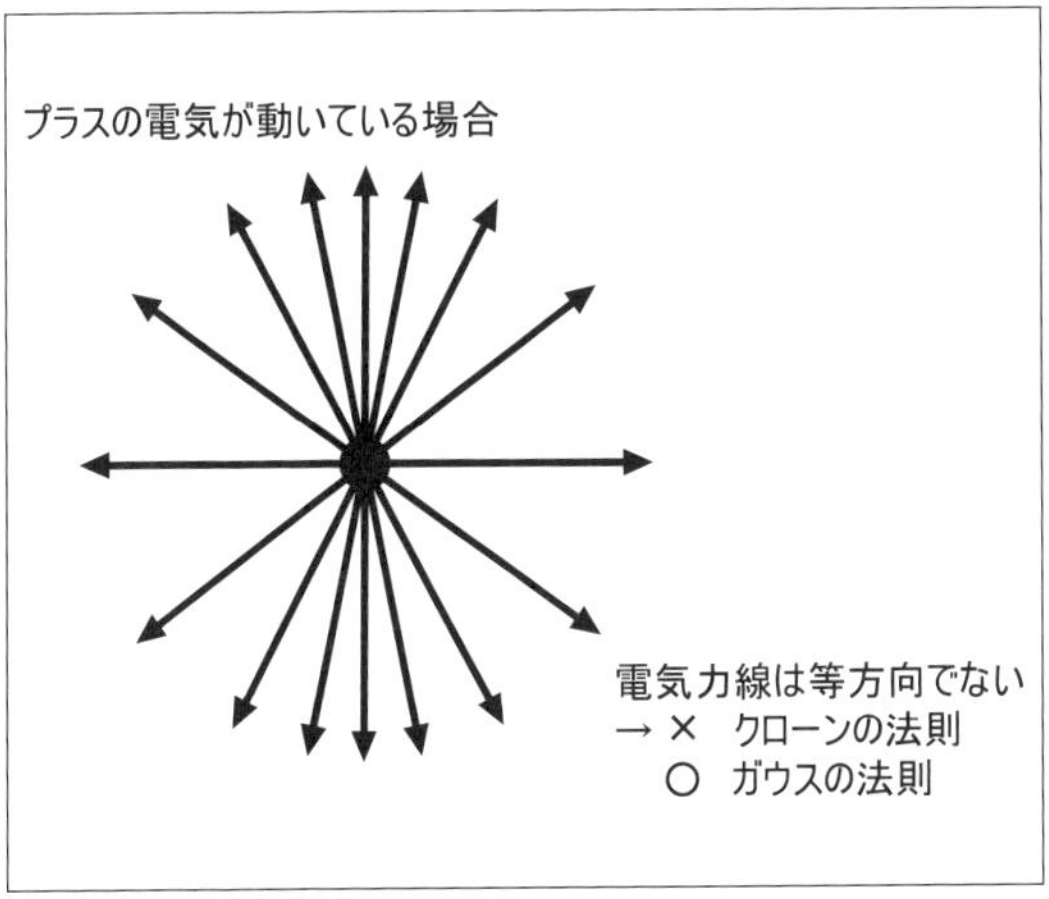
プラスの電気が動いている場合
電気力線は等方向でない
→ × クローンの法則
○ ガウスの法則

図6・4　電気を持った粒子が動くと電気力線も形を変える。

クーロンの法則が成立しないのならば、何が基本法則なのでしょうか？　それは以下に紹介する**「ガウスの法則」**と呼ばれる基本法則です。

今、プラスの電気を持ったものを考えます。電気を持っているので、電気の強さに応じて電気力線を出します。今、電気力線の数を $q$ 本としましょう。

すると、電気の周りの電気力線の数は、どこから見てもどのように数えても $q$ 本です（当たり前ですが）。例えば電気の周りに大きな球を考えると、球をつらぬく電気力線の数は変わらず $q$ 本です。これを法則化したものがガウスの法則です。つまり、**ガウスの法則とは直感的には「電気の大きさに応じて電気力線が出る」**という事なのです。そして電気力線の様子がわかれば、電気力線の密度から電場がきちんと求まります（ガウスの法則は数式としては電気力線ではなく電場の形で書かれます。難しいので眺めるだけにとどめておきますが、ガウスの法則の具体的な数式は

$$div\vec{E}=\frac{\rho}{\varepsilon_0}$$ となります（微分の場合））。

ガウスの法則は、クーロンの法則よりも基本的な法則です。そしてこの基本的なガウスの法則が、電気力線を使うと「電気の大きさに応じて電気力線が出る」という、あっけない位に簡単かつ直感的に理解できるようになるのです。

## 電気と磁気を結び付ける電磁石

さて、これまで電気と磁石が似ているという観点から、電気の説明をしてきました。しかしながら、ここまでは似ているというだけで、電気と磁石の間にはお互いには何の関係もありませんでした。しかし、電気と磁石は似ているだけではなく、相互に深く関係しているのです。

その身近な例に、「電磁石」があります。

子供の頃、コイルをくるくると釘に巻いて、乾電池で電流を流すと磁石ができる実験を経験した事がある人も多いのではないでしょうか？　電流とは電気の流れです。ちょうど電気が川のように流れていると考えればいいでしょう。

電磁石の実験は、とても重要な結論を含んでいます。つまり、電気が流れると磁石ができるという事は、**「電気と磁気がお互いに結びついている」**という事を示しているのです。電気と磁気は単に似ているだけではなかったのです。

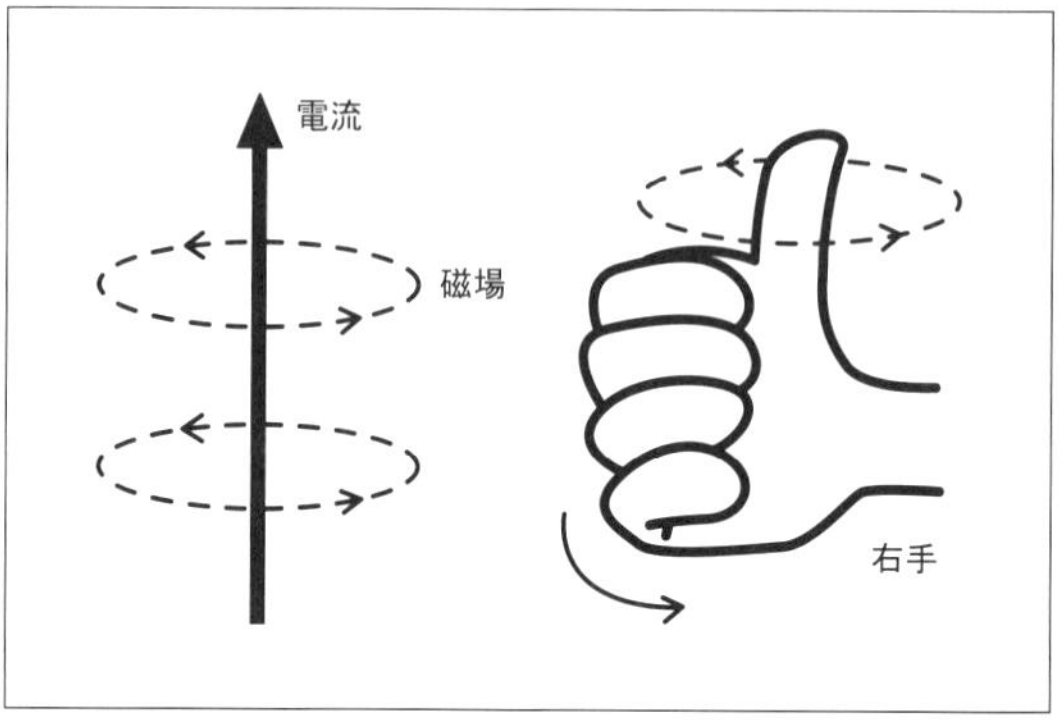


図6・5　アンペールの法則（左）と右手（ネジ）の法則（右）。右手を使うと磁場の向きが簡単にわかる。

## アンペールの法則と右ねじ（右手）の法則

電気と磁気がお互いに結びついているという事をもう少し詳しく調べてみましょう。

電磁石において、釘にくるくる巻いたコイルに電流を流すと磁石ができる事から、特にコイルをくるくる巻かなくても磁石ができる事が予想されます。実際、図6・5のように直線のコイルに電流を流すと磁石ができます。

その時の磁力線の様子は、図6・5の左図のようになります。つまり、電気と磁石の基本法則は

電流があると、電流を取り囲む磁力線ができる

となるのです（数式で書くと $c^2 rot \vec{B} = \frac{\vec{j}}{\varepsilon_0}$ となります）。これは**アンペールの法則**と呼ばれます。

ここで磁場の向きはとても重要です。不思議な事に、いつも磁場の向きは図6・5の磁場の矢印の向きなのです。この磁場の向きは重要なので、自分の体で覚えてしまいましょう。

今、図6・5右図のように右手でグーを作り、その後、親指だけ立てます。この時、親指の向きが電流の向きとすると、残りの4本の指の回る向きが磁場の回る向きになります。これで自分の体で覚えられたと思います。これはしばしば**右ねじの法則**と言います（ただし、一般には右ねじは身近にはないので、本書では右手で紹介しました）。

## アンペールの法則から電磁石を作ってみる

さて、それでは直線電流をくるくる曲げると本当に電磁石ができるか確かめてみましょう。

今、図6・6の左上の図に注目します。ここでは電流がまっすぐ流れ、アンペールの法則により直線電流の周りに電流を取り囲む磁場があります。

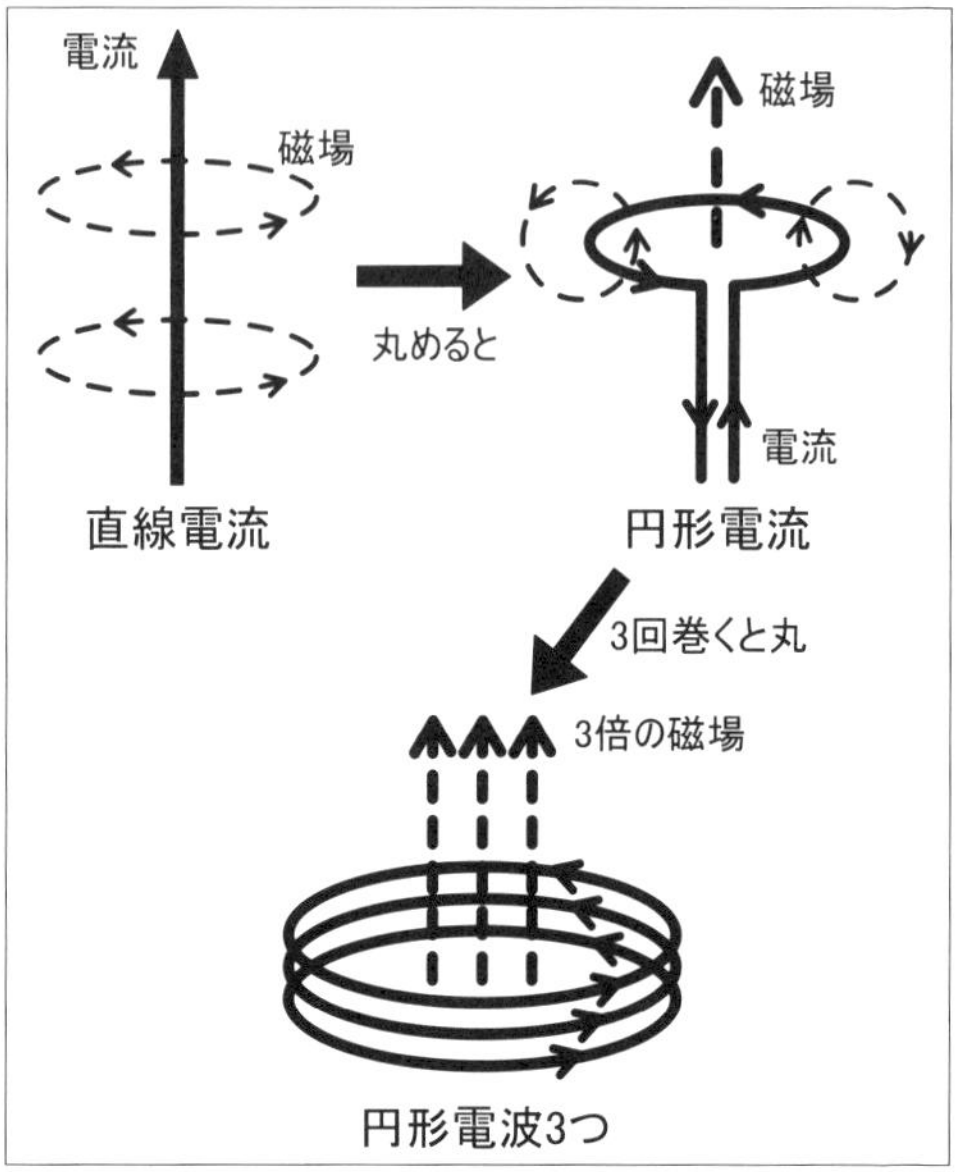


図6・6　電磁石の作り方。直線電流は左上図のように電流を取り囲む磁場を作るので、これをゆがませて丸くすると、右上図のような上向きの磁場ができる。下図のようにこれを3回巻くと3倍の磁場ができる。

この直線電流をくるっと丸めてみましょう。すると、図6・6の右上図のようになります。この時、電流を取り囲む磁場はどうなるでしょう。

この時、図6・6の右上図のように、電流を取り囲む磁場は円の中では全て上向きになっているのです。

これは先程紹介した右ネジの法則を使っても確かめられます。もしくは直感的には、図6・6の左上の図をゆっくり右上図のように円形にしていっても、電流を取り囲む磁場が円の中では上向きになっていることがわかると思います（ぜひ、図を見ながら確かめてみましょう）。

そこで、図6・6の右図のような円形電流を作ると磁場は上向きになるのです。

さて、この円形電流を図6・6の下の図のように3つ巻くとどうなるでしょう？　1つの円形電流は上向きの磁場を作るので、3つ巻くと3倍の上向きの磁場ができるのです。もしも100回巻けば100倍の磁場、N回巻けばN倍の磁場ができます。

電磁石の場合、コイルをくるくる巻いてこのような円形電流をたくさん作ります。そしてコイルの中に磁石になりやすい鉄を入れておくと電磁石ができるわけです。

## 磁石から電気ができる?——ファラデーの法則

これまで磁石と電気が似ている事、そして電磁石で見てきたように、電流から磁場が生まれる事を見てきました。それならば、逆に「磁場から電流は生まれるのでしょうか?」

答えはYESなのです。

私たちの身近なところでは、「発電機」があります。

発電機は電磁石と全く逆です。電磁石では、電流、すなわち電気が動くと磁場が生まれます。

発電機ではほぼその逆で、磁石が動くと電場が生まれます。

具体的にはコイルの周辺で磁石を動かします。すると、コイルの中を貫く磁場が変化して、コイルに電流が流れるのです（より正確には、コイルに電場が生まれ、その結果電気が流れます）。これを**ファラデーの法則**と言います（数式で書くと $rot\,\vec{E} = -\dfrac{\partial \vec{B}}{\partial t}$ となります）。

このように、電場と磁場はその関係の仕方も非常によく似ているのです。

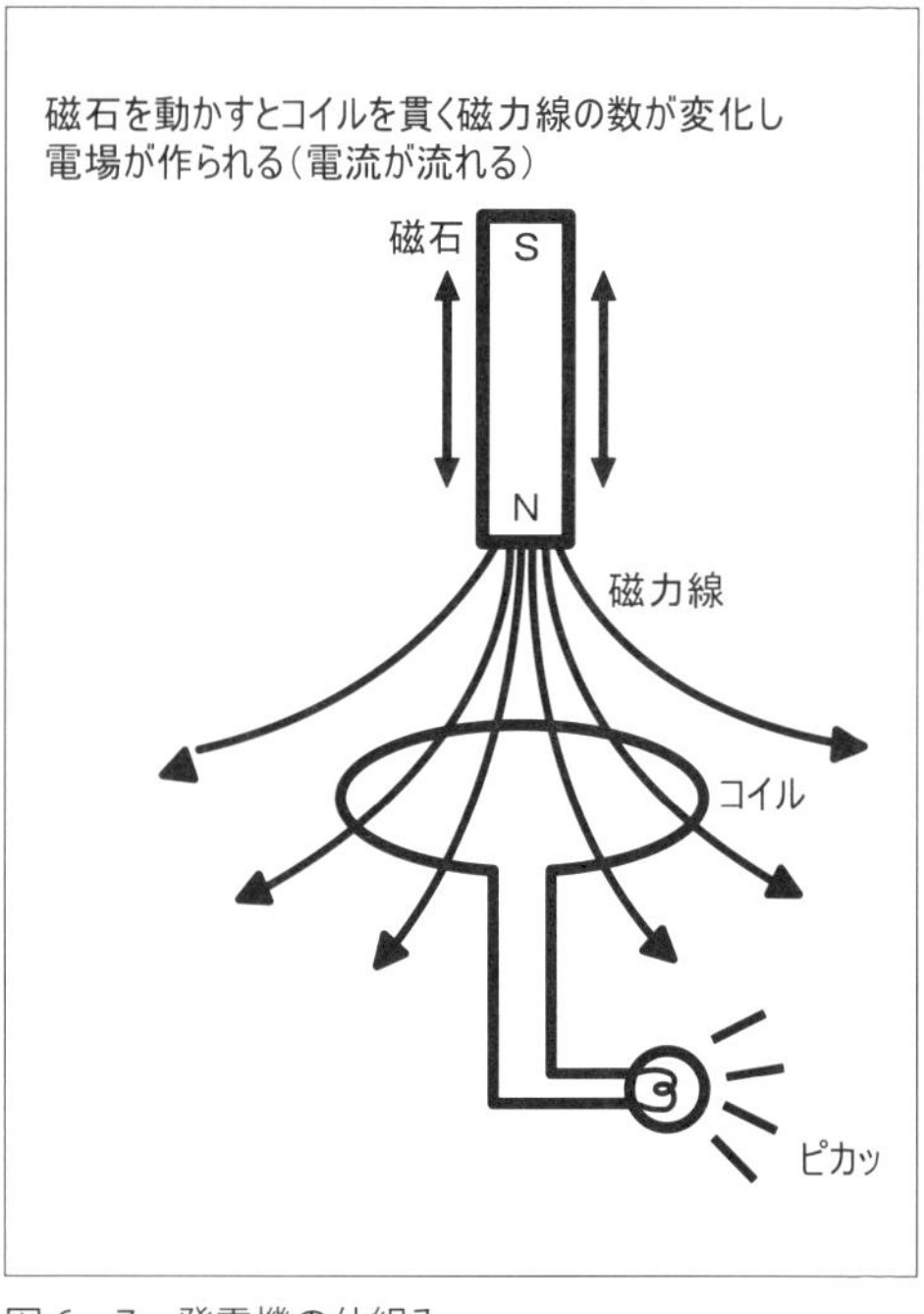
磁石を動かすとコイルを貫く磁力線の数が変化し
電場が作られる（電流が流れる）
磁石
S
N
磁力線
コイル
ピカッ

図6・7　発電機の仕組み。

## 電気と磁石は似ている?

これまで電気と磁石はとても似ている事を紹介しました。一見すると、電気と磁気は同じように扱えると思うかもしれません。しかし、磁石と電気には今のところ決定的な違いがあります。プラスイオン、マイナスイオンのように、電気にはプラスの電気を持ったもの、もしくはマイナスの電気を持ったものがあります。しかし磁石の場合、N極だけの磁石、もしくはS極だけの磁石は存在しません。磁石の場合は必ずN極とS極がペアで現れるのです。磁石を半分に切っても、やっぱりN極とS極の磁石になってしまいます。つまり、

「N極だけの磁石もしくはS極だけの磁石は見つかっていない」

という事です。N極だけの磁石、もしくはS極だけの磁石の事を「モノポール」と言います。しかしながら私たちの身近にはモノポールは見つかっていないのです。

## コラム　磁石と電気は同じなの？　――電磁気力と力

さて、以上電気と磁気の関係を紹介してきました。ここでそれらをまとめておきましょう。

### マクスウェル方程式

- ガウスの法則（電荷から電場が生まれる）
- モノポールは存在しない
- 電流や電場の変化が磁場を作る（アンペールの法則の拡張[1]）
- ファラデーの法則（磁場の変化が電場を作る）

これまで紹介してきた電気と磁気に関する法則はこの4つの法則にまとめられます。この4つの法則を数式にしたものが次のマクスウェル方程式です。数式は一見難しいので説明は省略しますが、ここでは式を鑑賞する程度にとどめておいてください。

1. 本書では説明を省略したが、電流が磁場を作るだけでなく、電場の変化も磁場を作る。これを変位電流という。

- $\mathrm{div}\vec{E} = \dfrac{\rho}{\varepsilon_0}$ ガウスの法則（電荷から電場が生まれる）
- $\mathrm{div}\vec{B} = 0$ モノポールは存在しない
- $c^2\mathrm{rot}\,\vec{B} = \dfrac{\vec{j}}{\varepsilon_0} + \dfrac{\partial\vec{E}}{\partial t}$ アンペールの法則の拡張（電流や電場の変化が磁場を作る）
- $\mathrm{rot}\,\vec{E} = -\dfrac{\partial\vec{B}}{\partial t}$ ファラデーの法則（磁場の変化が電場を作る）

このマクスウェル方程式は電気と磁気が強く関係していることを示唆しています。例えば電流（や電場の変化）から磁場が作られ、磁場の変化から電場が作られます。そこで電気と磁気の力を「電磁気力」とまとめて理解できるのです。

## 光の正体

さて、このマクスウェル方程式はさらなるおまけがあります。それは、「光の正体」に関するはなしです。

アンペールの法則の拡張によれば、電流や電場の変化が磁場を作り出すのでした。そしてファラデーの法則から磁場の変化が電場を作るのでした。

これらを組み合わせると、電場が変化すると磁場が作られ、その作られた磁場の変化

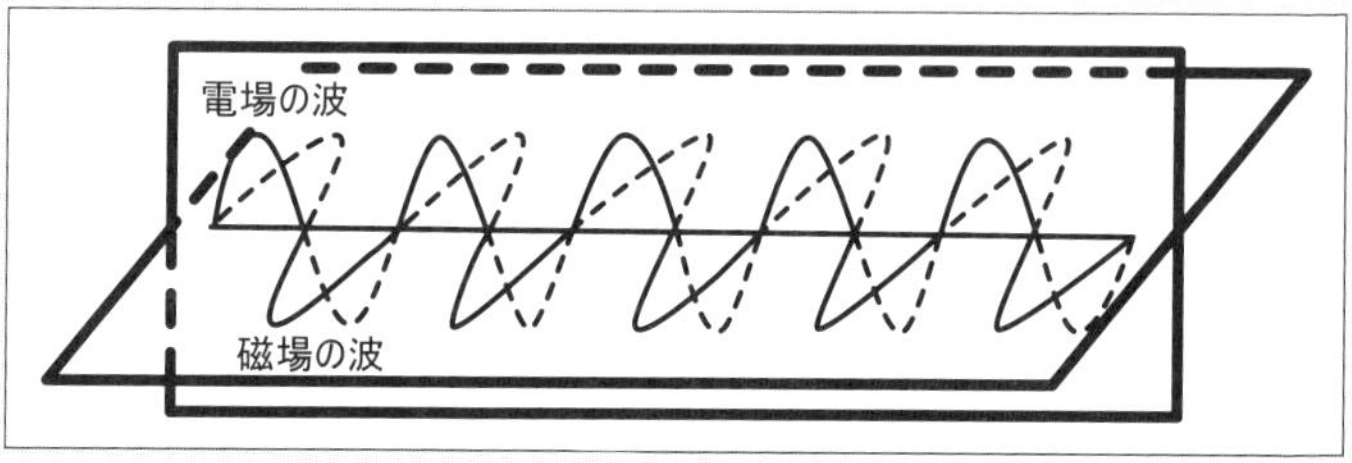

図6・8　電磁波は光の正体。

がまた電場を作るという事になります。するとまたその作られた電場の変化から磁場が作られて…

といった具合でマクスウェルの方程式を使うと、電場と磁場が相互に影響し合って作られる波、すなわち電磁波が作られるという事がわかるのです。

そしてこの電磁波はなんと「光」であるという事がわかったのです。つまり、**光の正体は、電場と磁場の波**であったのです。

電場や磁場の「場」は特に電気や磁気を伝える媒質があるわけでなく、空間そのものが持つ性質です。そのため、真空中も伝わる事ができます。「場」という考え方が重要である事の一例をここでも見る事ができます。

波の章で、光の波長を変えるとγ線、X線、可視光、赤外線、電波などに変化していく事を紹介しました。その際、何の波長であるかは説明しませんでした。

実はその波長は電場と磁場の波長（電磁場の波長）だったのです。

## ワインバーグ・サラム理論による電磁気力と弱い力の統一

電磁気学においては電気と磁石といった一見何の関係もないように思われていた現象が、注意深く観察すると電流から磁場が生まれ、磁場の変化から電流が生まれる等、密接な関係がある事がわかりました。そして電気と磁石の力は「電磁気力」という風に一緒に考えると便利なのです。

電気と磁気のように、一見違うように見えるものが、実は同じ電磁気で一緒に統一して説明できる事がわかると、今度は「他の力（第1章で紹介した重力、強い力、弱い力）も同じように統一的に考えられるのでは」という考えも出てくるでしょう。

20世紀初頭、よく知られた力は電磁気力と重力でした。そこで、アインシュタインはこの電磁気力と重力を統一的に考えられないかと考えたのです。しかしながら、相対性理論を作ったアインシュタインですら、電磁気力と重力を統一することはできませんでした。

そんな中、ワインバーグとサラムは第1章のコラムで紹介した「弱い力」と「電磁気力」を統一的に扱うことに成功しました。これはワインバーグ・サラム理論と呼ばれます。ワインバーグとサラムはこの功績により1979年にノーベル賞を受賞しています。今では電磁気力と弱い力は統一されて「電弱相互作用」等とも呼ばれています。

それでは残りの「強い力」、「重力」は統一されるのでしょうか？　強い力については有力な候補として、「大統一理論」が完成すると強い力と電弱相互作用と統一されるという考えもあります。しかしながら重力はこれでも駄目です。重力も含めたすべての力を統一するには「超ひも理論」がその候補と考えられています。

全ての力が電磁気力や弱い力のように統一的に理解できるかはわかりませんが、沢山の理論物理学者がこの統一に向けて研究を進めています。

# 第7章

# 温度と熱の正体はなんだろうか？

## 暖かい空気と冷たい空気の違いは？

日本には四季があります。真夏は太陽がさんさんと照りつけ、暑くなります。その一方で冬は雪が降ったりして寒くなります。これは、基本的には夏は温度が高く、冬は温度が低いからです。それでは夏の暖かい空気と冬の冷たい空気は同じ空気なのに、どうして暖かくなったり冷たくなったりするのでしょう？

さらには同じ季節でも、例えば真冬の屋外の空気は冷たく、暖房の入った空気は暖かくなります。これらの空気はいったい何が違うのでしょう？　また似た問題として、同じ水でも冷たい水と暖かい水があります。これらはいったい何が違うのでしょう？

この問題は、温度が自然科学の立場からはどのように理解できるかという問題に帰着します。温度とは一体何なのか、調べていきましょう。

## 温度が上がると動きが活発に

ここでは直感的にわかりやすい水の場合について考えてみましょう。

クイズ
今、片方の鍋には温度の高い沸騰したお湯が、片方の鍋には温度の低い冷たい水が入っているとします。どちらの鍋に温度の高い沸騰した水が入っているかを見分ける方法はあるでしょうか？

これは簡単でしょう。答えは激しく動き回っている方が温度の高い沸騰した水が入っている鍋です。

このように、**温度が上がってくると動きが激しくなっていきます**。これは水でなくても一般に成り立ちます。気体も固体も温度が高くなっていくと一般に動きは激しくなっていきます。

つまり、温度とは物の動きに関係していたのです。直感的には動きが激しい→温度が高い、動き

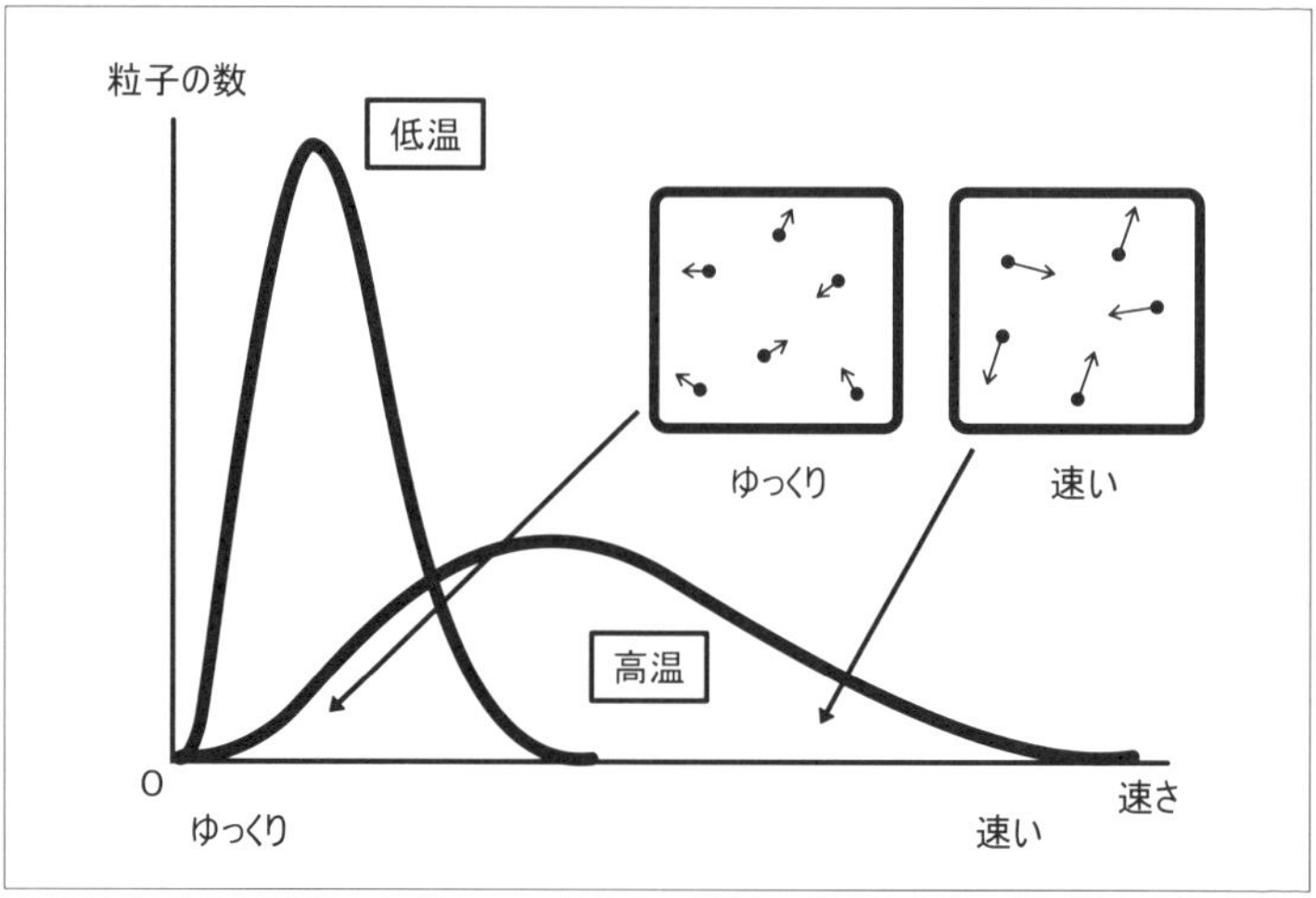


図7・1　マクスウェル・ボルツマン分布。同じ温度でもゆっくり動く分子もあれば、速く動く分子もある。

が鈍い↓温度が低いと捉えるとよいでしょう。

さて、水の例は直感的にはわかりやすいのですが、詳しく説明しようとすると気体の分子の方が簡単なので、この先は気体の分子を例に説明をしましょう。

水の例を分子に適用すると、温度が低いと分子はゆっくり動き、温度が高いと分子は速く動くという事になります。しかしながらある温度のもとで、分子が全部同じ速度で動いているわけではありません。図7・1のように、速く動いているものもあれば、ゆっくり動いているものもあります。

ただし、平均すると、温度が高いほど分子は速く動くのです。ここで、図7・1のようなある温度での速さの分布の様子は

「マクスウェル・ボルツマン分布」と言います。

## 温度が上がると熱運動の運動エネルギーが大きくなる

温度と分子の速さのようすが関係している事を紹介しましたが、しかし速さ $v$ そのものは温度とは結びつきません。実は、速さ $v$ をエネルギーの立場で見ておくと便利です。

運動エネルギーは $\frac{1}{2}mv^2$ で与えられました。そこで、運動エネルギーの立場から言うと、温度が高いと運動エネルギーの平均値が大きくなり、温度が低いと運動エネルギーの平均値が小さくなるという風に言えるのです。

このように運動エネルギーに着目すると、温度とエネルギーが結びつきます。実は、**温度とは分子の熱運動の運動エネルギーの平均値に比例する**のです。つまり、

分子の運動エネルギーの平均値 ∝ 温度

これを数式にすると、簡単な場合（理想気体と言います）、$\frac{1}{2}m\langle v^2\rangle=\frac{3}{2}kT$となります。ここで〈…〉は〈…〉の中を平均するという意味、$T$は絶対温度と呼ばれる温度で、$k$はボルツマン定数と呼ばれます。絶対温度の単位は［K］ケルビンです。

## 絶対温度と身近な温度との関係

絶対温度は私たちが普段使っている温度とは少し違います。私たちが普段使っているセルシウス温度は、氷が溶ける時の温度を0℃、水が沸騰する時の温度を100℃とするものです。しかし、絶対温度は私たちが普通に使っているセルシウス温度と簡単な関係にあります。それは、

－273.15℃＝0K

です。単純に273ずらせば良いと考えればいいでしょう。例えば27℃は絶対温度で言うと

27 ＋ 273 ＝ 300K です。

## 絶対零度の世界はあるの？

「絶対零度」という言葉を聞いた事があるでしょうか？ これは、絶対温度を元に考えられる温度です。温度が分子の運動エネルギーの平均値に比例するのならば、分子の運動エネルギーの平均値がゼロの場合、$0 = \frac{3}{2}kT$ ですから、$T = 0$ になります。

この時の温度を、絶対温度の零度なので絶対零度などと言います。この「絶対零度」という言葉の響きが人を引きつけるのか、時々テレビや小説等でも出てきますが、あくまでもきちんとした自然科学上の用語です。

それでは本当に分子の運動エネルギーの平均値がゼロとなる事があるのでしょうか？ 実は第8章で紹介する不確定性原理と呼ばれる原理により、分子は静止する事はできないのです。

## 湯たんぽから熱を考える

温度の事を学んだので今度は「熱」について学びましょう。そもそも「熱」とは一体何でしょうか？

冬になると「湯たんぽ」を見かける事があります。湯たんぽにお湯を入れて、真冬の夜の冷えた布団の中に入れると、しばらくすると布団が暖かくなります。これは湯たんぽから熱のエネルギーが布団に移ったため、布団が温かくなったのです。

このように熱エネルギーは温かいものから冷たいものに移っていくのです。

## 熱力学第1法則（エネルギー保存則）

熱はエネルギーなので、エネルギーの章で学んだ事が色々成り立ちます。熱とエネルギーに関して、「熱力学第1法則」と呼ばれる法則があります。熱力学第1法則とは、**単に熱も含めたエネルギー保存則**です。

今、あるものに注目しましょう。単に熱エネルギーが $Q$［cal］だけ増えれば、エネルギー保存則からその全エネルギーも $Q$［cal］だけ増えます。そのためエネルギーの変化を $\Delta E$ と書くと、

エネルギーの変化 ＝ 熱エネルギー
（$\Delta E = Q$）

となります。

しかし、エネルギーのやり取りは熱だけではありません。**熱エネルギーは外部に対して仕事をする事ができます**。

その有名な例は「蒸気機関」です。蒸気機関では熱で水を蒸発させて気体（水蒸気）にします。すると、この水蒸気を利用して仕事をする事ができるのです。

かつてD51等に代表される「蒸気機関車」が日本の線路を走っていました。この蒸気機関車では、熱で作られた蒸気を使ってタービンを回して（仕事をして）汽車を動かしていたのです。

これらは熱エネルギー $Q$［cal］の一部が仕事に変わったのです。この仕事を $W$［cal］とすると、

外部に仕事をした分だけエネルギーが失われたわけですから、その分だけエネルギーが減ります。
すると、エネルギーの保存則は熱エネルギーから仕事の分だけ差し引いて、
熱力学第1法則（エネルギー保存則）

エネルギーの変化　＝　熱エネルギー－仕事
$(\Delta E = Q - W)$

となります。この熱に関するエネルギー保存則を熱力学第1法則と言います。

## 熱力学第2法則

熱力学第1法則は単にエネルギー保存則なので、あっけないくらい簡単だったかもしれません。

それでは今度は第2法則を紹介しましょう。

先ほど、湯たんぽと布団の例において、熱い湯たんぽから熱エネルギーが冷たい布団に移り、

（湯たんぽは熱を失って少し冷えますが）布団は熱を受け取ってあったまる事を紹介しました。

ここでひとつ疑問がわきます。熱がエネルギーならば、単純に逆にして**冷たい布団から熱エネルギーが熱い湯たんぽに移り、その結果布団は熱を失ってさらに冷え、湯たんぽは熱を受け取ってさらに熱くなる**事はないのかという疑問です。

これは単に熱エネルギーのやり取りですから、エネルギー保存（第1法則）の立場からだけすれば問題ありません。しかし、ひとりでに冷たいものがさらに冷たく、暖かいものがさらに暖かくなるなどという事はあり得ません。ほおっておけば熱は暖かいものから冷たいものへ流れていきます。

これが熱力学第2の法則につながっていきます。熱力学第2の法則とは、

> 熱力学第2法則
> 熱は冷たいものから暖かいものにひとりでに流れる事はできない

と言われます。ここで「ひとりでに」という部分が重要です。例えば気温35度の真夏に、30度の室内を20度にするとします。室内の方が屋外よりも冷たいですが、エアコンを使うとさらに室内の気温を下げる事ができます。しかしこれは、電気エネルギーを使って室内の熱を屋外に出し、

その結果として室内が冷えているのです。

ちなみにこの時、室内の熱は屋外に出ますので、結果として屋外は熱エネルギーが増えます。

さらにエアコンの電気エネルギーから発生する熱もあるので、みんながエアコンをつける都市では熱が屋外にたくさん放出され温かくなっていく事になります。

## 熱エネルギーを全て仕事に利用することはできないのか？

原始時代、かつて人は火を作るのに大変な苦労をしました。今のようにライターやコンロなどありません。昔の人は木の棒を板などにこすり合わせて摩擦熱を発生させ、それで火をおこしたりしていました。このように、何らかの仕事をすると熱を発生させる事ができます。それならば、この得られた熱を逆にすべて仕事などに利用する事はできるのでしょうか？

例えば蒸気機関車などに使われる蒸気機関は、全ての熱を仕事に利用できるのでしょうか？もしそんな事ができれば、エネルギーを効率よく使う事ができるので、エコにもつながります。

産業革命最中の19世紀前半、カルノーという人は熱エネルギーを使って仕事をする場合、どれだけ効率があげられるかを調べました。

まず、熱（エネルギー）は熱い方から冷たい方へ流れます。そこでカルノーは2つの温度を持った状況を考えました（例えば寒い屋外、熱い屋内など）。ここでは簡単のために熱い所、寒い所としましょう（専門用語では高温熱源、低温熱源などと言います）。そして熱い所から得た熱を利用して外部に仕事をするとします。

もしも熱のエネルギーをすべて仕事として利用できるならば、「熱＝仕事」となり、この時の熱効率は「熱効率＝仕事／熱＝1」になります。

しかし、以下に示すように、残念ながらこのような熱効率は理論的に実現できない事が示されました。カルノーによれば、最も熱効率の良い値は次の式で与えられます。

最も良い熱効率

$$\frac{\text{仕事}}{\text{熱}} = \text{熱効率} = 1 - \left(\frac{\text{寒い所の温度}}{\text{熱い所の温度}}\right)$$

このように最も良い熱効率は温度だけで決まってしまいます。そして明らかに熱効率は1より小さい値になっています。このため、$\dfrac{\text{仕事}}{\text{熱}}$＝熱効率＜1から仕事＜熱 となり、**熱の全てを仕事に変える熱機関はどんなに科学技術が発展しようと作る事ができない**のです。

また、この最も良い熱効率の式を見ると、$\left(\dfrac{\text{寒い所の温度}}{\text{熱い所の温度}}\right)$が0に近い程、熱効率が1に近くなります。そのためには、熱い所の温度が高く、寒い所の温度が寒いほど、熱効率は良いということになります。

これは直感的には以下のように解釈できます。熱はひとりでには熱い所から寒い所に流れますが、逆にひとりでには寒い所から熱い所には流れません。自由に熱のエネルギーを移動させる事はできないのです。熱いものから冷たいものに流れる熱エネルギーは温度差が大きいほど、仕事を取り出しやすいのです。

以上の議論は熱力学の第2法則の別の表現につながっていきます。

第2法則（別の表現）
周りに変化を起こさずに熱をすべて仕事に変える事はできない

これも実は最初に紹介した第2法則「熱は冷たいものから暖かいものにひとりでに流れる事はできない」と同じである事がわかっています。

私たちは摩擦などによって簡単に仕事から熱を得る事ができます。しかし、いったん得られた熱は、残念ながら原理的に仕事にすべて戻す事はできないのです。

そういう意味で、熱は「元に戻せない」エネルギーなのです。

## 真夏に打ち水をまき、ジュースに氷を入れるわけ

夏になると、道路に水をまいたり、ジュースに氷を入れる風景を見かけます。とても涼しげですが、なぜ、こんなことをするのでしょう?

実は夏の暑い日に道路に水をまくと、水が蒸発するときに沢山の熱を奪っていくのです。この熱を気化熱と言います。これによって温度が下がることが期待されるわけです。

ジュースに氷を入れる理由もこれとある意味似ています。氷は溶けて水になるときに、沢山の熱を奪っていくのです。この熱を融解熱と言います。これによってジュースは打ち水のように冷

やされ、冷たい温度を保つのです。

　一般に、液体↓気体になるときに奪われる熱を気化熱、固体↓液体になるときに奪われる熱を融解熱などと言います。これらはまとめて潜熱などと呼ばれます。水は潜熱がとても大きいので、何かを冷やすときはとても重宝するのです。

## 氷点下でも水は必ずしも凍らない

　さて、氷の話をしたのでもう少し氷の話をしましょう。水は0度になると氷になると考えている人も多いと思います。

　しかし、実は0度以下になっても氷になるとは限らないのです。例えば不純物がない容器の中では結晶の種などが存在しません。このようなときは静かにゆっくり冷やすと少しくらい氷点下になっても氷ができず、水のままでいるのです。これを過冷却と言います。

　しかし、氷点下の温度では氷の方が安定です。そのため、結晶の種を加えたり衝撃を加えたりすると急に水が氷になるのです。このとき、面白い事がさらに起こります。先ほど、ジュースに入れる氷のように氷が溶けて水になるとき、沢山の熱を奪って周りを冷やすことを紹介しました。これとは逆に、過冷却の水が急に氷になるときは周りに一気に沢山の熱を出すのです。この原理を使って最近では一部でカイロなどが作られています。

## コラム　火の玉のビッグバン宇宙がはじまったわけ

この事に関連してとても面白い話があります。第5章のコラムで、宇宙は137億年前にビッグバン（big bangつまり大きなバーン）の火の玉宇宙の大爆発で始まった事を紹介しました。それでは何故、火の玉宇宙になったのでしょう？　火の玉の元となる熱はどこにあったのでしょう？

この謎は「インフレーション宇宙」という、日本人の佐藤勝彦が最初に提唱した理論によって解き明かされています。このインフレーション宇宙とは、宇宙がビッグバンの前にはものすごく急激に大きくなっていた時期があったとする理論です。急激に大きくなるのでインフレーションという呼び名があるのです。

このインフレーション宇宙の時代には、先ほど取り上げた水の代わりに真空がエネルギーを持っていたと考えられています。この真空が急激に大きくなって冷やされ、ちょうど真空が先ほどの水の過冷却と同じような状況になったと考えられています。そしてインフレーション宇宙の終わりごろ、過冷却の水が氷になって（水の相転移）沢山の熱を出すように、過冷却の真空が別の真空になって（真空の相転移）沢山の熱を出したと考えるのです。そしてこの熱が、火の玉宇宙のビッグバンの熱につながったと考えられているのです。

それにしても有名なビッグバンが起こった理由を説明したインフレーション理論の創始者が日本人だったなんて、とてもすごいですね。

## コラム

### 最果ての惑星の温度と星の温度——世界のいろいろな温度

ここでは私たちの世界の色々な温度を紹介しましょう。まずは冷たいほうの温度。まず、日本の旭川では１９０２年1月25日に最低気温が約２３２Ｋ（-41℃）を記録しています。蔵王や北海道など、北国の標高の高いスキー場等に行くと、マイナス10～20度くらいの事はよくありますが、マイナス40度はこれよりもものすごく寒い世界です。それではこの温度よりもさらに低い温度はあるのでしょうか？

最近はあまり見かけなくなりましたが、かつて保冷剤としてよく使われた、二酸化炭素を固体にしたドライアイスの温度は約１９４・７Ｋ（−78.5℃）です。

さらに温度が低い所を探してみます。最果ての惑星、海王星。海王星は２０１１年現在、太陽系で最も太陽から離れた惑星とされています。最果てと言うくらいですからとても寒いことが予想されますが、海王星の表面はどれくらい寒いのでしょうか？

海王星の表面温度は約73Ｋ（−200℃）を下回る温度です。ドライアイスよりも温度が低いのです。とても寒いですね。

しかし、宇宙はもっと寒いのです。現在の宇宙を満たしている電磁波（宇宙背景輻射と言います）からわかる温度は何と約３Ｋ（−270℃）です。絶対零度に非常に近い温度です。

絶対零度０Ｋ以下の温度はないので、低い温度には限界があります。そこで、今度は熱いほうの温度を紹介しましょう。

熱いというと、身近な所では炎が熱そうです。それでは炎はどれくらいの温度なのでしょう？　ろうそくの炎の温度は約１７００Ｋ（〜１６７０Ｋ）です。一般に炎の温度は色々ありますが、約１４００〜３０００Ｋです。

炎のほかに温度が高いものとして、夜空に輝く星があります。星の温度はどれくらいなのでしょう？　私たちに最も身近な星は太陽です。私たちの太陽の表面温度は約６０００Ｋ（５７７７Ｋ）です。すごく熱いですね。しかし太陽は中心に近づいていくと温度が高くなっていきます。太陽の中心では何と１５８０万Ｋの温度と考えられています。

しかし、この程度で驚いてはいけません。ビッグバン・モデルによると、宇宙は火の玉宇宙の爆発で始まったとされています。つまり、宇宙が始まった頃はものすごく温度が高かったのです。例えば宇宙が始まった3分後は約10億Ｋだったと考えられています。さらに時間をさかのぼって宇宙が始まって1秒後、何と宇宙の温度は約１００億Ｋだったと考えられています。想像を絶する暑さですね。

# 第8章

# 小さな原子の世界はサイコロの世界？

## 小さな世界は不思議の世界

私たちの世界は様々な元素で出来ています。例えば、私たち人間は炭素、酸素そして水素やその他の様々な元素で作られています。一方、地球に目を向けると、金、銀等の高価な元素もあれば、鉄、アルミニウム等の色々な元素があります。

これら様々な元素は、炭素原子、酸素原子、金原子、銀原子等の原子から出来ています。しかしながら、私たちはこれらの原子を普段は目にする事はありません。それもそのはず、この原子という物は、とても小さくて肉眼では見えないのです。それでは、私たちの世界を形作るこれらの原子の大きさは、一体どれ位の大きさなのでしょうか？

実は原子の大きさは約１００億分の１m位の大きさなのです。例えば金の大きさは約１００億分の３（正確には2.88）ｍです。４～5歳の子供の身長は約1ｍですから、４～5才の子供の身長の約１００億分の1です。１００億分の1と言われてもピンと来ないかもしれません。それではこんな問題を考えてみましょう。

4～5歳の子供を地球位の大きさにすると、原子はどれ位の大きさになるでしょう？

ア　野球場の大きさ　イ　人間の大きさ　ウ　1㎜の雪の結晶の大きさ

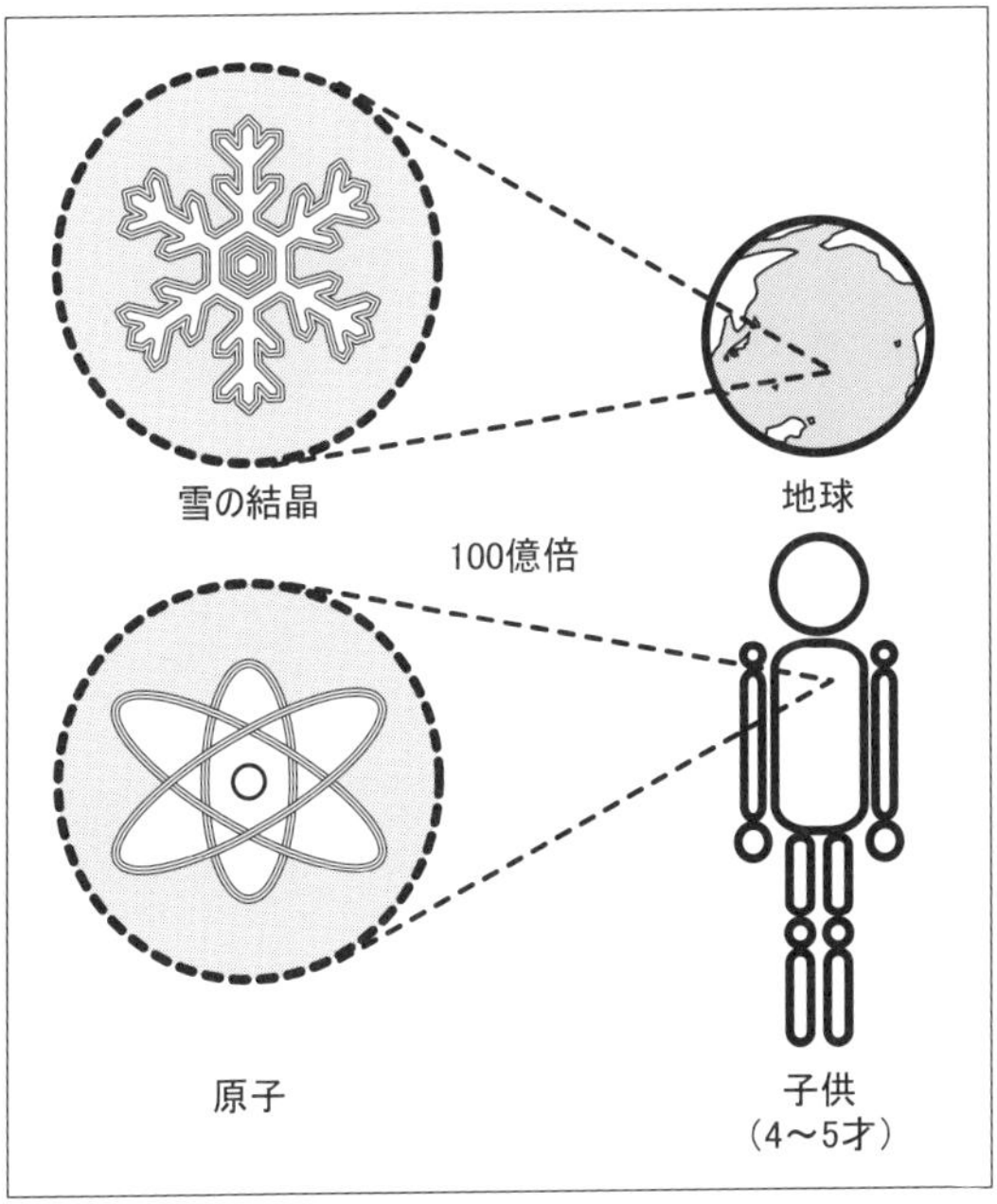


図8・1　原子を100億倍すると子供の大きさに、雪の結晶を100億倍すると地球の大きさになる。

ここで雪の結晶は色々な大きさのものがあるので、1㎜の雪の結晶と書きました。さて、肝心の答えですが、答えは何と「ウ」です。つまり、4～5才の子供を地球位に大きくすると、原子はやっと1㎜の雪の結晶位の大きさになる、それ位原子は小さいのです。ですから私たち人間の体から原子を見ようとする事は、地球全体から雪の結晶を見ようとする位？　大変なことなのです。

この小さいという事を、しばしば「ミクロ」と言います。この様なミクロの世界では、私たちの世界の常識はそのままでは通用しません。不思議の国に迷い込んだように、びっくりするようなミクロな世界が広がっているのです。原子のミクロな世界にはどんな不思議な世界が広がっているのか、この章でぜひ調べてみましょう。

## 原子のしくみ

原子の不思議の世界を体験する前に、原子の仕組みも紹介しておきましょう。

原子は陽子と中性子からなる原子核と、その周りを回る電子から出来ています。

陽子はプラスの電気、電子はマイナスの電気を持っています。電気の大きさは陽子と電子は同じです。一方、中性子は電気を持っていません。それで「中性」子と呼ばれるのです。

さて、それでは元素の違い、例えば金と銀は何が違うのでしょうか？

実は元素の種類は原子核の陽子の数で決まります。中性子の数は関係ないのです。例えば原子核に陽子が1個ある原子を水素原子と言います。

すると、金と銀の違いは原子核の陽子の数の違いという事になります。金は陽子の数が79個、そして銀は陽子の数が47個あります。学校で学ぶ周期表では、陽子の数は**原子番号**として書かれています。周期表を見て、自分の好きな元素の陽子の数を確認してみると面白いでしょう。

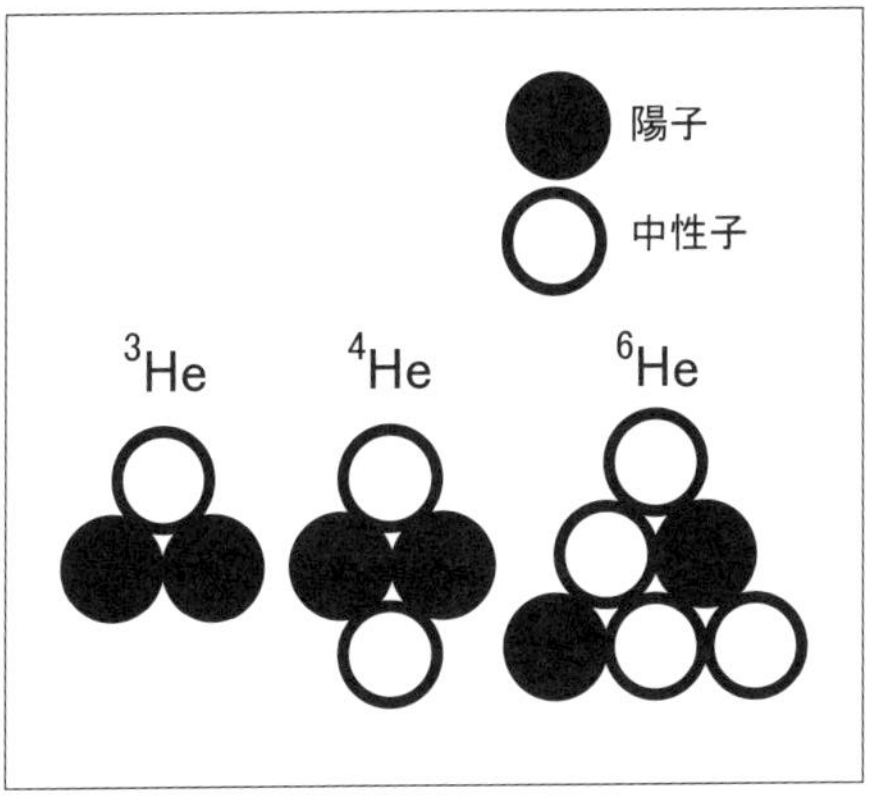


図8・2　中性子の数は変わっていても陽子の数は2個なので、全てヘリウム原子核である。

## 同位体

元素は陽子の数で決まるので、同じ元素でも中性子の数は色々変わります。例えば声が変わるパーティーグッズ等に使われるヘリウムという元素は、陽子が2個の原子核から出来ています。

しかし同じヘリウムでも図のように中性子の数は、中性子が1個、2個、4個のもの等があります。中性子の数が変わっても、陽子の数が2個ならばヘリウムというわけです。

これらはヘリウムの同位体などと呼ばれます。そしてしばしば中性子と陽子の数を足した数を元素の隣に書きます。例えば中性子1、2、4個のヘリウム（陽子2個）はそれぞれ$^3He$、$^4He$、$^6He$ 等と書きます。もしくは単純に「ヘリウム3」等と書くこともあります。

さて、後でヨウ素が出てくるのでヨウ素の場合についても紹介しておきましょう。ヨウ素は陽子の数は53個です。ヨウ素はヨウ素127が安定です（中性子は74個）。これに対して、原発事故などが起こるとヨウ素131（中性子は78個）が生成されます。

## 原子における電子の役割

陽子はプラスの電気を持っています。そのため陽子の数で決まる元素は、原子核に「陽子の数×陽子の電気」の分だけ電気を持っています。

そして普通はこの原子核のプラスの電気を打ち消すように、マイナスの電気を持った電子が原子核の周りを回っています。打ち消すためには陽子の数と電子の数が等しくなればいいのです。

例えば陽子1個の水素には電子が1個あれば電気はプラス・マイナスで打ち消し合います。

もしも電子と陽子の数が違っていたら電気は打ち消し合いません。例えば陽子1個の水素に電子が0個であれば、水素はプラスの電気を持ちます。このような物は「イオン」と呼ばれます。

それではこれらの電子が原子核の周りをどのようにして回っているのでしょうか？　電子が原子核の周りを回るのは、基本的には第6章で学んだ電気の力が原因です。原子核のプラスの電気にマイナスの電気を持った電子が引っ張られるのです。この様子は、惑星が太陽の重力によって回っている状況と似ているので惑星モデルなどとも言われます。

ただし、元素によって原子核の電気の大きさが「陽子の数×陽子の電気」と異なるため、電子の回る様子は変わってきます。

例えば今、一番内側を回る電子に注目してみましょう。水素（陽子の数1個）原子核の電気の大きさは陽子1個分ですが、酸素（陽子の数8個）原子核の電気の大きさは陽子8個分で8倍の電気を持っています。そのため、水素原子核に比べて酸素原子核の方が電気の引力が8倍大きくなり、一番内側を回る電子はより内側を回るようになります。

## 原子から出る光

第4章のコラムでは元素によって出す光が変わってくる事を紹介しました。例えばナトリウムを使うと黄色くなったり、ストロンチウムを燃やすと深紅色になる事などを紹介しました。それでは一体何故、元素によって出す光が変わるのでしょう？　それが実は先ほど紹介した「元素によって電子が原子核の周りを回る様子が異なる」事が関わってくるのです。順を追って説明しましょう。

まず、光はエネルギーと関係しています。直観的には目に見える光よりも波長の短い紫外線、さらに波長の短いX線の方が肌に悪影響を与える事などから、波長が短いとエネルギーが大きい事が予想されます。

実際、図8・3上図のように光は波長が短いとエネルギーが大きく、波長が長いとエネルギーが小さいのです（赤外線は波長が長く、可視光、紫外線、X線、ガンマ線になるにつれて波長は短くなることを思い出しましょう）。この事について、アインシュタインは1905年に光は波長（振動数）に対応したエネルギー、運動量を持つ光子という粒子であると主張し（光量子仮説）、この業績で後にノーベル賞を受賞します。目に見える光子の場合、図のように赤→橙→黄→緑→

青→藍→紫の順に光子のエネルギーは大きくなっていくのです。つまり、光のエネルギーが変わると色が変わってくるのです。

そして、元素によって出す光が変わるのは、元素の出す光子のエネルギーが変わるからなので

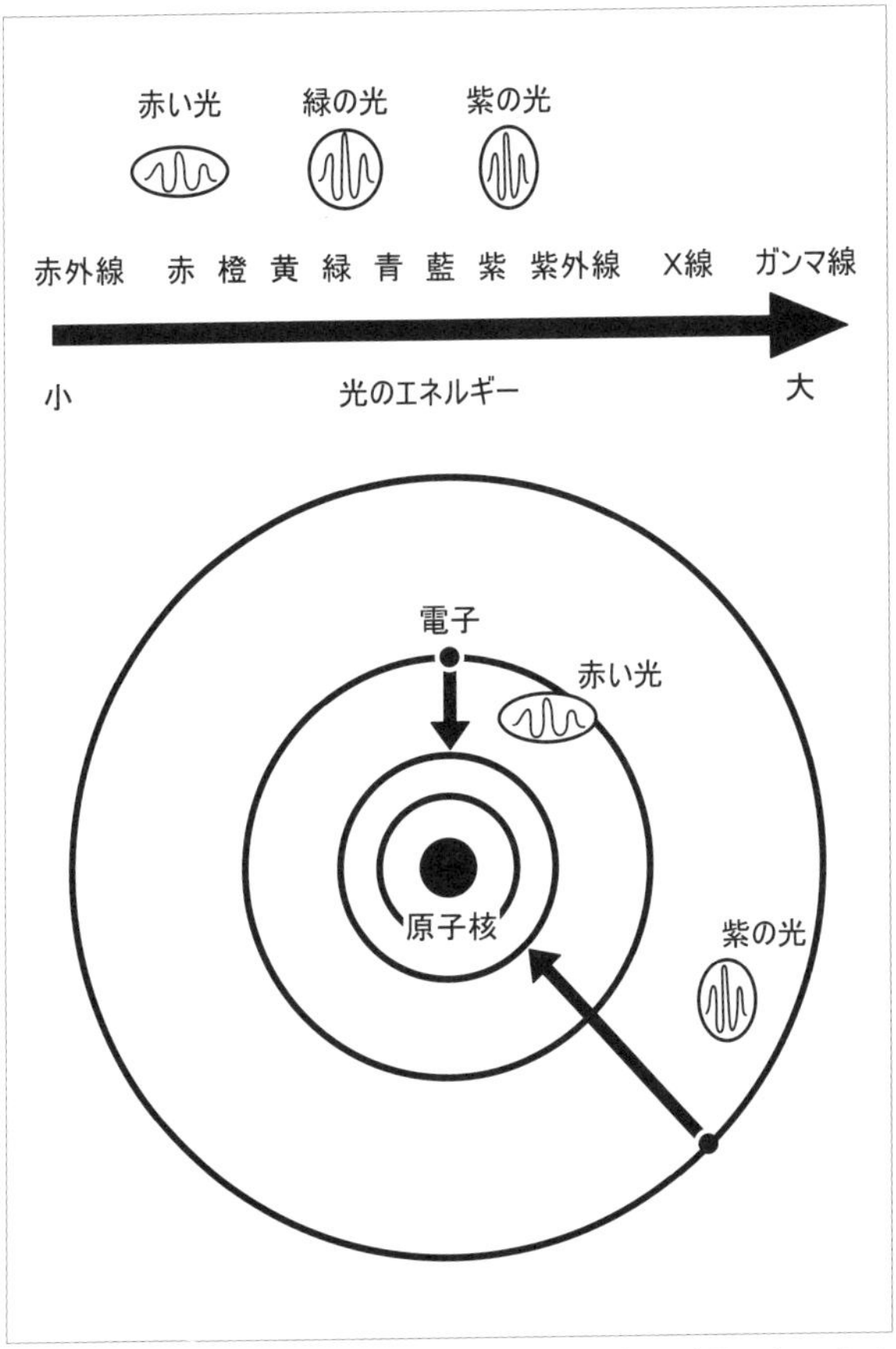


図8・3　光とエネルギーの関係（上図）。波長が長いとエネルギーは小さく、波長が短くなるにつれてエネルギーは大きくなる。原子から光が出る様子（下図）。電子が内側の軌道に落ちる時、エネルギーを失うが、そのエネルギーが光となる。ここでは失うエネルギーが小さい時はエネルギーの小さな赤い光が、失うエネルギーが大きいときはエネルギーの大きな紫の光が出ている。

す。そこで、原子が光を出す仕組みを紹介しましょう。

原子の中では電子が原子核の周りのある決まった軌道を回っています。原子核からの電気の引力のため、簡単な場合は原子核に近い軌道の方がエネルギーが小さくなります。つまり、遠くを回っている軌道ほどエネルギーは大きくなります（詳細は省略しますが、角運動量をゼロにするなど単純な場合を考えています）。

今、原子核の周りを回る電子が外側のエネルギーの大きな軌道に弾き飛ばされたとしましょう。この電子はしばらくすると、内側のエネルギーの小さな軌道に落ちていきます。この時エネルギーを失うわけですが、このエネルギーが光になるのです。

その様子が図8・3の下図に描かれています。下図では、電子が内側のエネルギーの小さな軌道に落ちて光を出す様子が描かれています。この図では失うエネルギーが小さいときはエネルギーの小さな赤い光が、失うエネルギーが大きいときはエネルギーの大きな紫の光が出ています。この図には描かれていませんが、さらに大きなエネルギーが失われて光になるとエネルギーの大きい紫外線やX線が出てきます。

ここで、先ほどの「元素によって電子が原子核の周りを回る様子が異なる」事を思い出しましょう。すると、電子の軌道のエネルギーも元素によって変わってきます。そのため、元素によって光になるエネルギーも変わってきます。そこで、元素によって色が変わってくるのです。

補足ですが、原子核からも光が出る事があります。原子核から出る光はエネルギーが大きく、ガンマ線と呼ばれます。

## ミクロの世界では未来は確率的にしかわからない

以上でミクロな原子の仕組みの紹介は終わりました。それでは早速、不思議のミクロ世界を紹介しましょう。ここでは

「半減期から始まる量子の世界」

を通じて不思議のミクロ世界を紹介します。原子爆弾の怖さは、その爆発力だけでなく、たくさんの放射性物質を出す事です。ここで放射性物質とは放射線を出す物質です。放射線は一般に、人体に悪影響を与え、がん等を引き起こす原因にもなります。

それでは何故、放射性物質から放射線が出るのでしょうか？

原子核の中には不安定な原子核があります。こういった原子核は、だんだん安定な原子核に変

化していきます。放射性物質では、原子核が不安定な状態からより安定な状態に移り変わる時に原子核から光や電子や原子核の一部が出てきます。放射線とは、これら原子核から出てくる物を言います。

放射線の幾つかには名前がついています。例えば原子核から光が出てくると$\gamma$線（ガンマ線）、電子が出てくると$\beta$線、また時にはヘリウム原子核がポコッと出てくる事もありますが、これは$\alpha$線と呼ばれます。

さて、この放射性物質のひとつにヨウ素131というものがあります。ヨウ素は普通ヨウ素127が安定です。ヨウ素131は不安定なので、放射線を出しながらキセノンという原子核に変化していきます（キセノン131）。どれ位で変化するかというと、「**半減期**が約8日」なのです。

この半減期という意味は100gのヨウ素131があった場合、8日たつと半分の50gのヨウ素131が放射線を出して変化しているという意味です。ですから8＋8＝16日たつと半分の半分の$\frac{1}{4}$に、さらに8日、つまり合計24日たつとその半分の$\frac{1}{8}$になるのです。8日ごとにどんどん半分になっていくのです。それではこの時、次の問題を考えてみましょう。

> ある1つの原子、ヨウ素131があった。このヨウ素131はいつ放射線を出す？
>
> ア　8日後　イ　16日後　ウ　24日後　エ　具体的な日時はわからない

どうでしょう？　アと思う人もいるかもしれませんね。

実は答えはエなのです。ある1つのヨウ素に注目した場合、具体的に放射線を出す日時は正確にはわからないのです。しかし、沢山のヨウ素131を用意すると、8日たつと半分のヨウ素131が放射線を出すのです。という事は、

**「8日たつと半分の確率で放射線を出している」**と解釈できそうです。

このように、放射性物質の性質は「確率」しかわからないのです。これはちょうどサイコロのようです。サイコロは、具体的には次にどんな目が出るかはわかりません。しかし、1から6までの目がそれぞれ$\frac{1}{6}$の確率で出るという事はわかっています。

こんな事を言うと、「放射性物質について詳しくわかっていないからそんな事しか言えないのでは」と思うかもしれません。

しかしながら、実は放射性物質のように**ミクロな物質の世界では、本質的に未来は確率的にしかわからない**と考えられているのです。これを「量子力学の確率解釈」と言います。こんなことを言うと

？？？？？？

と感じた人も多いでしょう。実際、このような解釈は20世紀に入って生まれたのですが、あのアインシュタインをはじめ、このような解釈を受け入れない人もいました。アインシュタインは「神はサイコロをふらない」と言って確率解釈に最後まで反対したのです。そういう意味では読者の多くが「？？？？？？」と思っても当然なのです。

しかし、現在の物理学ではこの量子力学の確率解釈が広く受け入れられています。そこで、この解釈を私たちもとりあえず受け入れることにしましょう。それにしてもミクロな世界は本当に不思議ですね。

## 電子は確率の波で出来ている

ミクロな世界のより不思議な世界を実感するために、この確率解釈をさらに詳しく見てみましょう。しばしば量子力学の確率解釈を説明するのに使われる例が、次の図の2つの穴（一般にはスリット）の実験です。

今、図のように電子銃で電子を1個1個発射してみます。電子銃の先には穴が2つあり、その先には電子の検出器が沢山あり、どこに電子が到達したかがわかるようになっています。

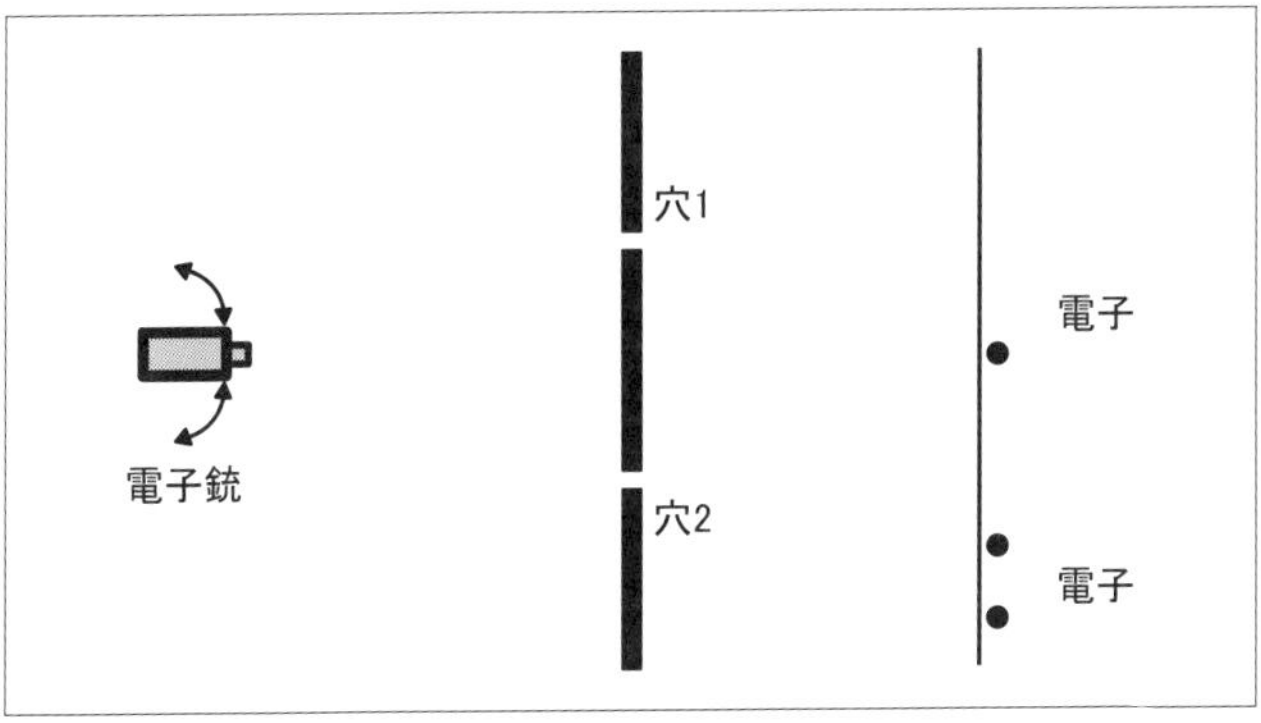

図8・4　電子はでたらめ？

もしも電子がビー玉のように大きな粒子であれば、当然2つの穴の先にビー玉が到達します。それでは電子の場合はどうなるのでしょう？

今、電子を試しに1個発射してみましょう。すると、不思議な事に2つの穴の先とは全然違う所で電子が検出されました。

そこでまた電子を1個発射すると、また全然別の所で電子が検出されました。このように、1個1個の電子は一見、でたらめな場所に検出されるのです。これは先ほどのヨウ素131のようです。

しかし、先ほどヨウ素131のところで、1個1個のヨウ素131は一見でたらめであっても、きちんと確率に従って放射線を出している事を紹介しました。それならば、電子の場合も一見でたらめであっても確率に従っているのでしょうか？

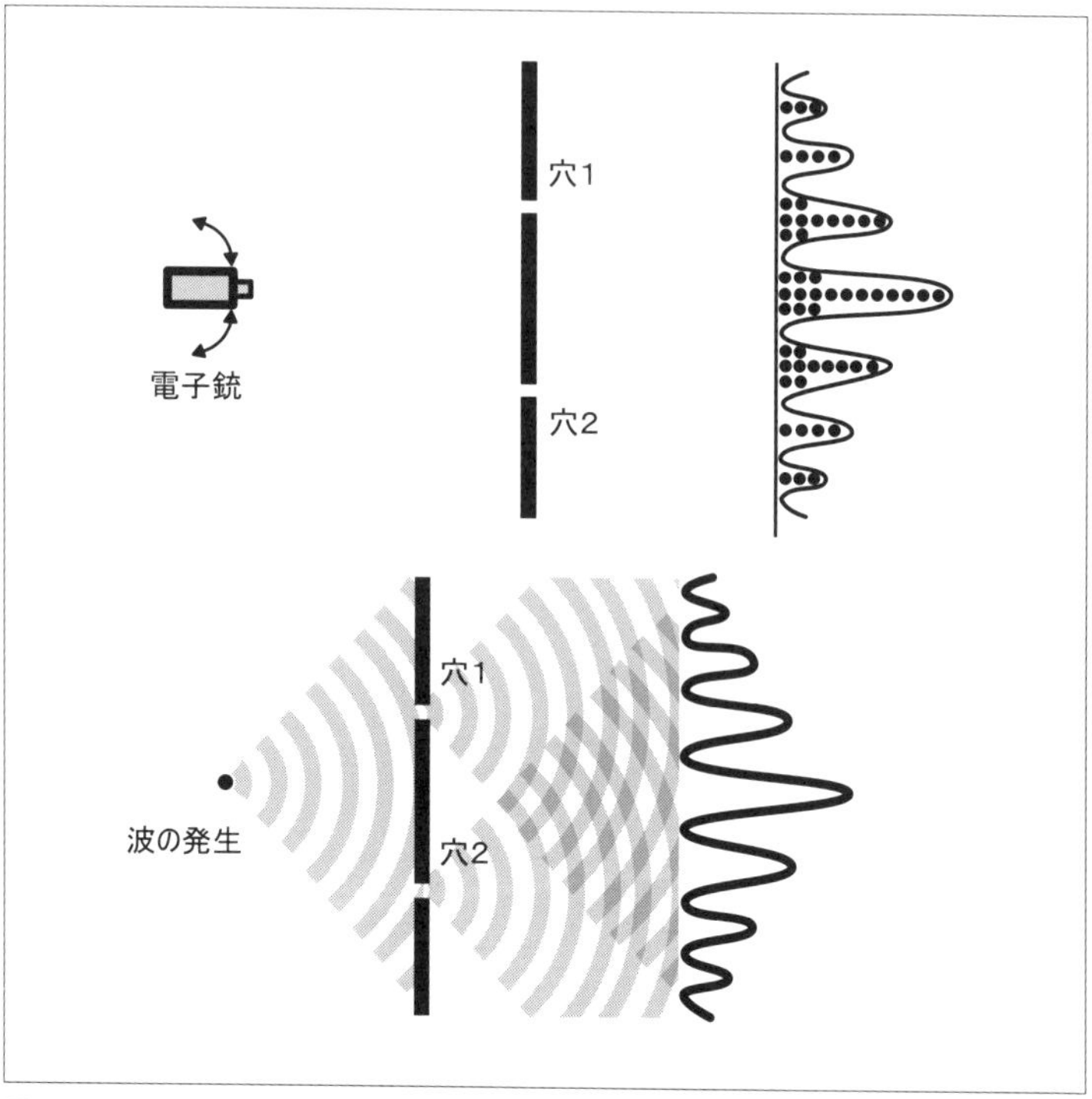


図8・5　電子が描く模様（上図）と２つの穴から出てくる波が描く模様（下図）。

実は**電子も確率に従っている**のです。実際、何個も電子銃を撃つと、電子はある所で沢山検出され、またある所ではほとんど検出されないといった綺麗な規則性が見えてくるのです。

その様子は図８・５の上図のように沢山電子が検出されるところと、電子が検出されないところが交互に現れます。これは電子を見出す確率が大きい所と電子を見出す確率が小さい所が交互に現れていると解釈できます。

さて、この電子を見出す確率が描く模様は非常に面白い特徴を持っています。実はこの模様はちょうど第5章で紹介した、「2つの波」の描く模様（図5・4の下図）と同じなのです。そこで、電子が確率に従っているということに加えて、**電子は確率の波で出来ている**と考える事ができそうです。なんとも不思議ですね。

## 電子は分身の術が使える？

さて、ここでクイズを出します。

図8・4において、電子は何処を通ったでしょう？
ア　穴1　イ　穴2　ウ　両方の穴

普通は「アかイが正解だろう」と思うかもしれません。しかし、電子は波です。先ほどの図

8・5の下図の波の図を見ると、波は両方の穴を通っています。すると、電子を波と考えると**「1つの電子は両方の穴を通った」**と考えざるを得ないのです。

一見摩訶不思議に見えますが、これも電子を波と考えると、銃の先から電子の波が出て両方の穴を通るだけですから、非常にわかりやすくなります。これは直感的に言うと、**「電子は分身の術が使える」**といった感じでしょうか。

さて、ここで検出器に電子が検出された時について補足します。電子は確率の波と説明したので、検出器にたどり着くまでは確かに電子は確率に応じた大きさの波となっていると解釈されます。しかし、検出器に検出されたという事は、その瞬間に電子は検出器に１００％の確率で存在する事になるので、**電子の波は形を変え、検出器にのみ電子の波が存在する**ようになります。これを波が検出器の場所1点に収縮するので、**「波束の収縮」**などと呼んでいます。

## 電子はどっちの穴を通ったの？

ここでひとつの疑問がわいた読者の方がいるかもしれません。

電子が両方の穴を通った事を直接確かめられるの？

と。そこで、電子がどの穴を通ったかを調べるために、穴のすぐ後ろ側で電子を観測してみます。例えば光を当てて電子を観測して、どちらの穴から電子が通ったかを調べるのです。

すると不思議な事に、穴のすぐ後ろで調べると、電子は穴1か穴2どちらかを通った事は観測できるのですが、両方の穴を通ったという観測結果はどうやっても出てこないのです。先ほど「電子は波と考えると、両方の穴を通ったと考えられる」といった事は間違いだったのでしょうか？

そんな事はありません。今、電子を穴1で観測したとしましょう。すると、穴1で観測したという事はその時点で穴1に電子が100％の確率で存在する事になります。この事は、「穴1のそばで電子を観測した途端、電子の確率の波の形が変化して、穴1の所1点に集まってしまうため」となります。つまり、**観測すると波の形は変わってしまう**のです。先ほどの「両方の穴を通った」というのは、穴のそばでは電子を観測していないので、波の形は変わっていないと考えるのです。

まとめると、**「観測するとその観測した場所に100％電子が存在するので、色々な場所にある事を示す確率の波の形が変化してその場所1点に収縮してしまう」**のです。

このような考え方は一見奇妙に見えるかもしれません。実際、この点はしばしば批判的に議論される事もあります。人によっては「そんな事、証明されているの？」と思う人もいるかもしれません。

結論から言うと、証明されていません。量子力学の確率解釈は「解釈」という言葉があるように、人間が編み出した解釈に過ぎないのです。ちょっと問題があるようだけど、このように解釈するとうまくいくからいいのでは、というものです。なんかずるい気もする人もいるかもしれませんが、どうしてそうなるかの説明は将来の人々に任せる事にしているのです。

## 私たちも確率の波である

さて、これまでヨウ素131と電子の場合についてのみ述べてきました。それでは他の物質はどうなのでしょうか？

実は、この世界の**全ての物質は確率の波である**と解釈されています。ですから私たちも波と考えられているのです。

こんな事を言うと「自分たちが確率の波という経験はした事はない」と言う人もいるかもしれ

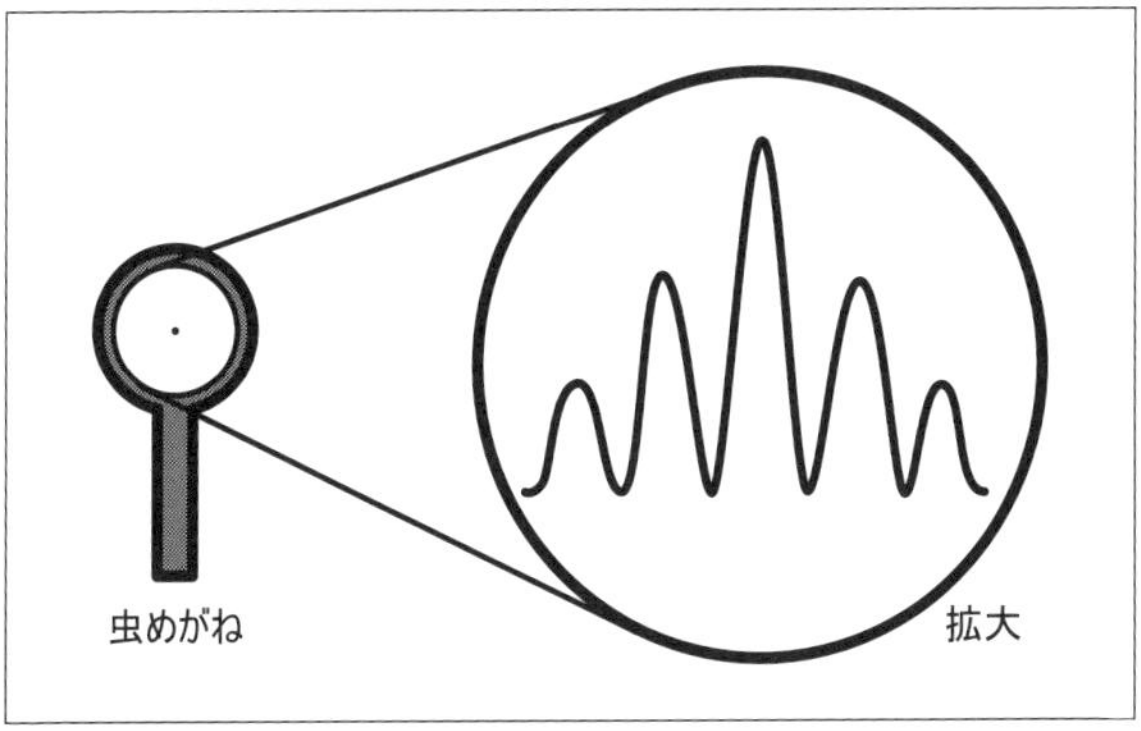


図8・6　拡大すると波に見える

ません。そこで、次の例を考えてみましょう。

今、図8・6の左の図を見てみましょう。この左図の真ん中あたりにある物を遠くから見ると、大体「点」に見えます。これは私たちが直観的にとらえている電子の「粒子」的な見方です。

しかし、虫めがねのようなもので拡大してみると、その詳細がわかるようになります。その拡大した様子が右図に描いてあり、波になっています（もちろんこれは例えであって、本当の虫めがねではそんなに拡大できませんし、確率の波なので本当に波の模様が見えるわけではありません）。

つまり、遠くからは粒子のように見えても、拡大すると詳細がわかるようになり、波になっているのです。

他の物質も同様に、拡大してみるとだんだん波のようにゆらゆらとしてくるのです。これを**物質波**と言います。

## ミクロな世界はいつも動いている——不確定性原理

私たちはすべて拡大していくと波のようにゆらゆらしている事を紹介しました。この事は、「**ミクロな世界はいつも動いていて、位置は不確定である**」という事を示しています。

量子力学にはこういった「不確定である」事を反映した「不確定性原理」という原理があります。それは

不確定性原理
位置の不確定さ × 運動量の不確定さ ≧ $\hbar$

と表されます。ここで$\hbar$は量子力学にしばしばあらわれる非常に小さな重要な定数ですが、その具体的な値は今はここでは重要ではありません。重要な事は、不確定性原理の式を見ると位置の不確定さは**運動量の不確定さと関係してくる**という事実です。

理解しやすくするために、不確定性原理の例を挙げましょう。陽子や中性子など、ミクロな世

界の様子を詳しく調べるにはどうしたらいいのでしょうか？

ミクロの世界は小さな世界なので、位置の不確定さを小さくしなければなりません。しかしながら、不確定性原理の式から位置の不確定さを小さくするためには、運動量の不確定さを大きくしなければなりません。つまり、

$$\text{位置の不確定さ} \times \text{運動量の不確定さ} \geqq \hbar$$

となるのです（第3章の コップの運動量＝衝突時間×衝撃の力 の式と比べるとわかりやすいでしょう）。つまり、ミクロな世界（位置の不確定さが小さい世界）の様子を知るためには、運動量を大きくすると調べられるようになるのです。

これは主に「加速器」と呼ばれる巨大な装置を使って粒子の運動量を大きくしてミクロな世界の仕組みが調べられています。アメリカ、ヨーロッパなど世界の様々な所に様々な加速器がありますが、日本ではつくばにあるＫＥＫ（高エネルギー物理学研究機構、ローマ字表記すると**K**ou**E**nerugi Butsurigaku**K**enkyusho）が有名です。

## トンネル効果

もう1つの有名な不確定性原理は時間とエネルギーに関するものです。これは、

エネルギー・時間の不確定性原理
エネルギーの不確定さ × 時間の不確定さ ≧ $\hbar$

と書かれます。つまり、エネルギーの不確定さは時間の不確定さと関係していたのです。この不確定性原理の式を、次のように書き変えてみましょう。

エネルギーの不確定さ × 時間の不確定さ ≧ $\hbar$

この式は時間の不確定さが小さければ、すなわち短い時間ならば、エネルギーの不確定さは大きくなるという事をあらわしています。

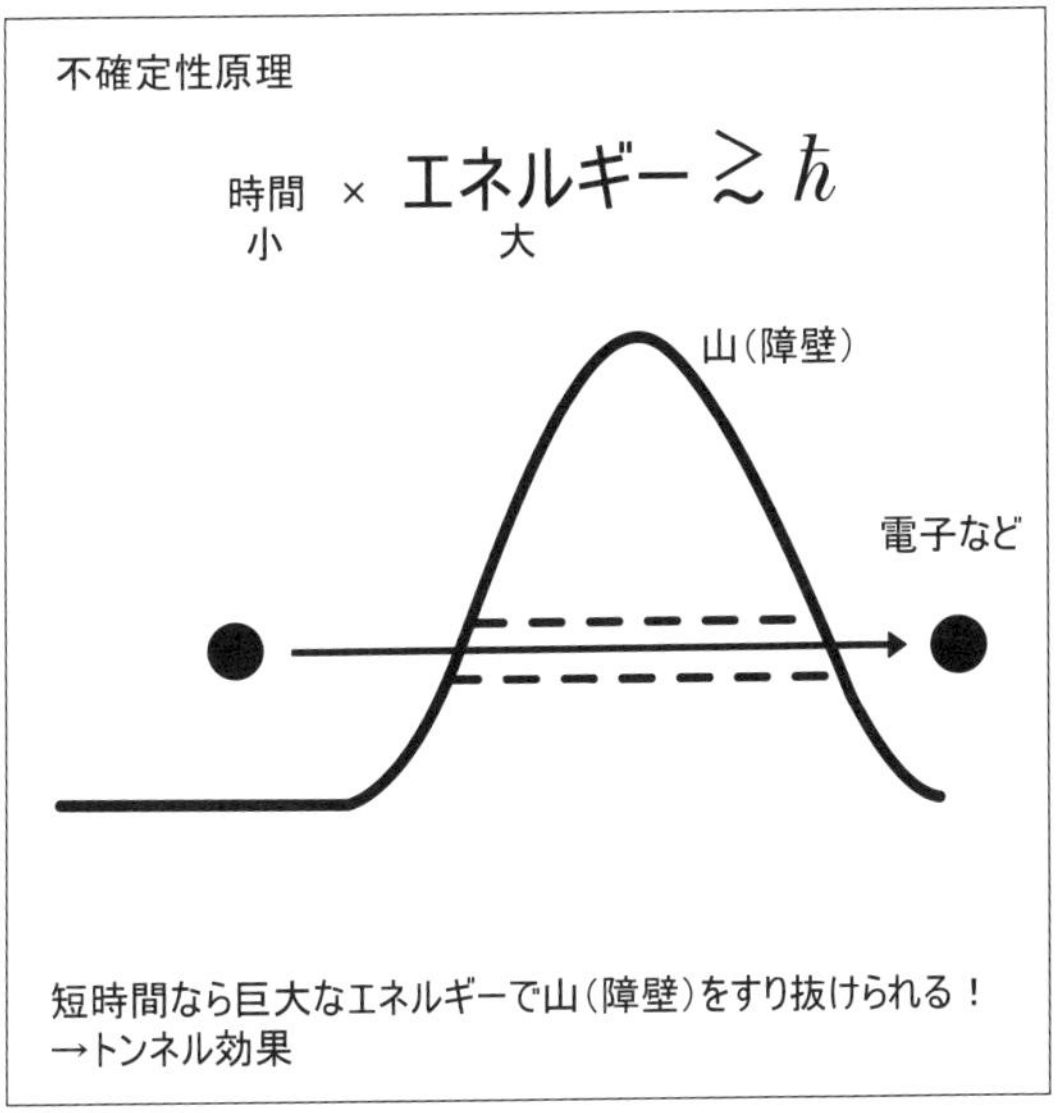
不確定性原理
時間 × エネルギー ≳ ħ
小 大
山（障壁）
電子など
短時間なら巨大なエネルギーで山（障壁）をすり抜けられる！
→トンネル効果

図8・7　トンネル効果。

これは、言い換えると短時間であれば大きなエネルギーを持てる事を意味します。

そのため、例えば電子などをかごのようなものに閉じ込めておくと、短い時間ならば大きなエネルギーを持てるので、その大きなエネルギーでかごを乗り越えて外に出てしまう事ができるのです。

これはあたかも図8・7のように見えないトンネルをくぐっているようです。実際、この効果はトンネル効果と言います。

このトンネル効果を利用した有名な例に、ノーベル賞受賞学者江崎玲於奈氏が作った「トンネル・ダイオード（江崎ダイオード）」があります。

## 電気製品にも量子力学がいっぱい使われている

量子力学は私たちの身近なところで沢山使われています。まず、化学の分野。化学は原子や分子を扱いますが、分子の構造は量子力学を使う事によってより正確にわかるのです。これは量子化学と呼ばれる分野です。

もう一つ有名な例は物性と呼ばれる分野です。物性とは字のごとく、物の性質を調べる分野で、半導体や超電導を調べたり、物質の構造や性質などを調べます。これらも量子力学を使う事により詳しくわかるのです。先ほどの「トンネルダイオード（江崎ダイオード）」ももちろん量子力学を使っています。これらの成果は様々な電気製品に取り入れられています。

## コラム　パラレルワールドはあるの？

先ほど、量子力学の確率解釈は「解釈」である事を紹介しました。解釈ですから、当然別の解釈をした人もいます。

現代の確率解釈（コペンハーゲン解釈という）では、物質は波であり、あちらにもこちらにもいる。そして観測すると（その場所での存在確率が100％になるので）波がその場所1点に収縮するというものでした。これを聞いた時、ほとんどの人が「本当？」と思うのではないでしょうか？　特にこの解釈で不自然なのは、「波が観測したとたん収縮する」としているところです。

これに対して多世界解釈という解釈があります。これはエバレットが提唱したもので、「未来は可能性の数だけ存在する」と解釈します。つまり、電子があちらにいる世界があれば、こちらにいる世界があると解釈するのです。未来の世界がたくさんあるのです。このように解釈しなおすと、「未来は可能性の数だけ存在する」ので「波が観測したとたん収縮する」という不自然な解釈はいらなくなります。しかしこちらの解釈も世界が沢山あると言うのですから、不思議な解釈です。まるで**パラレルワールドのような解釈**ですね。

量子力学は現代の物理学において中心的な役割を果たしています。実際、自然科学の世界では量子力学以前の物理学（相対性理論も含めて）を「古典物理学」と言い、量子力学と区別するほどです。

しかしながら中心的な役割を果たす量子力学の根幹である確率解釈は21世紀になった2011年現在でもいまだに「解釈」にすぎないという一面があります。将来自然科学が発達し、これらの解釈が解釈でなくきちんと説明されるといいですね。

# おわりに

この本では駆け足で物理学の基本となる分野を紹介してきました。

高校で学んだ物理学は、大学の理学部の物理学科に進むとたいへん面白く、魅力的になってきます。この本でも少し紹介しましたが、「解析力学」というものを学び、そこでは例えばシンメトリーがエネルギーなどの保存法則と結びつく事や、作用に最小原理を適用すると運動方程式になるなど、びっくりして感動するような事をたくさん学びます。そして量子論や相対論、宇宙などの素晴らしい世界をたっぷりと学ぶのです。

この本は、大学で理学部物理学科などに進んだ人にとっては普通に知られた内容だったと思います。しかし、高校で物理を少し学んだ文系の方、工学系の方や、道具として物理を使う方にとっては、初めての内容・視点があった方も多いと思います。

音楽の話などの例外もありますが、実は本書の内容、特にコラムのネタ元の多くは理学で学ぶ物理から持ってきました。理学で学ぶ物理には、本当にたくさんの魅力的な内容があるのです。

本書の狙いの一つは、力学、波、熱、電磁気、原子といった主に高校物理で学び始める内容を、音楽など身近な話題に加えて面白く魅力的な理学の物理の視点も交えて紹介し、学びなおすきっかけとする事でしたが、理学の物理の入り口も幾分か紹介できたと思います。

この本で物理学に興味を持たれた方が、これからさらに「解析力学」「量子論」「相対論」などを学んでいかれることを願っています。

# 付録 さらに詳しく知りたい人向けの説明

この章は主に高校数学を学んだ人、さらに詳しく知りたい人向けの説明を載せてある。

## 第1章

**1 積分を用いた「未来を決定する方程式」** 速度を $v$、変位（位置の変化）を $x$、時間を $t$ と書くと、微小時間 $\Delta t$ で動く微小距離 $\Delta x$ は速度×時間＝変位より、$v\Delta t = \Delta x$ なので、これを少しずつ時間を進めてつなぎ合わせると $\Sigma v\Delta t = \Sigma\Delta x$ となる。これは近似に過ぎないが、時間間隔をゼロに持っていくと正確になる。時間間隔をゼロに持って行ったものは積分の定義から $\int_0^t v\,dt = \int_0^x dx = x$ となる。これが、「速度×時間＝変位」を一般化した未来を解き明かす方程式である。

**2 リンゴとA君の間の重力の計算** 今、万有引力の法則から、

$$\text{リンゴ－地球間の万有引力} = \text{万有引力定数} \times \frac{\text{リンゴの質量} \times \text{地球の質量}}{\text{リンゴ－地球の距離}^2} \quad (1)$$

$$\text{リンゴー太郎君の間の万有引力} = \text{万有引力定数} \times \frac{\text{リンゴの質量} \times \text{太郎君の質量}}{\text{リンゴー太郎君の間の距離}^2} \quad (2)$$

となる。求めたいのは（2）／（1）であるから、（2）／（1）を計算すると、

$$\frac{\text{リンゴー太郎君の間の万有引力}}{\text{リンゴー地球間の万有引力}} = \frac{\text{太郎君の質量} \times \text{リンゴー地球の距離}^2}{\text{地球の質量} \times \text{リンゴー太郎君の間の距離}^2}$$

となる。ここで、地球の質量 $= 6.0 \times 10^{24}$kg、リンゴー地球の距離＝地球の半径＝ 6400km ＝ 6400000m を代入すると、

$$\frac{\text{リンゴー太郎君の間の万有引力}}{\text{リンゴー地球間の万有引力}} = \frac{60}{60 \times 10^{24}} \frac{6400000^2}{1^2} = 10^{-23} \times 4 \times 10^{13} = 4 \times 10^{-10}$$

で約１００億分の４になる。

## 第2章

**1 運動方程式からのエネルギー保存則の導出** 簡単な場合について示そう。はじめ静止した質量 $m$ のボールの物体に力を加えて力の距離に $l$ だけ動き、速さが $v$ になったとする。これを式にしてみよう。まず、ボールの運動方程式は $ma = f$ である。$\Delta l$ だけ動いたとする。運動方程式の両辺に $\Delta l$ をかけると、$ma\Delta l = f\Delta l$ となる。この時、右辺が微小仕事になっている事に注目する。両辺を $l$ で積分すると、$\int_0^l madl = \int_0^l fdl$ となる。この右辺は $f$ が一定であるときは $fl$ で一般に仕事である。

加速度は速度の時間変化率、すなわち $a \frac{dv}{dt}$ なので左辺は $\int_0^l m\frac{dv}{dt}dl$ となるが、動いた距離 $0 \to l$ に従って、速さ $0 \to v$ になるとしたので、左辺は $\int_0^v mvdv = \frac{1}{2}mv^2$ となる。これは運動エネルギーである。つまり、「運動エネルギー＝仕事」となる。

$f$ が重力等であれば、重力の位置エネルギーは重力に逆らって加えた仕事 $-fl$ であるので $fl$ は位置エネルギーにマイナス1をかけたものになる。

よって、「運動エネルギー＝－位置エネルギー」となり、「運動エネルギー＋位置エネルギー＝0＝一定」となる。これはエネルギー保存則である。

# 第3章

## 1　エネルギー保存が成立する時の計算

最初のビー玉の速さを $v$、衝突後のビー玉$A$の速度を $v_A$、ビー玉$B$の速度を $v_B$とする。

すると

運動量保存の式 $mv = mv_A + mv_B$

エネルギー保存の式 $\frac{1}{2}mv^2 = \frac{1}{2}mv_A^2 + \frac{1}{2}mv_B^2$

が成立する。

まず運動量保存の式から $v = v_A + v_B$ となる。これをエネルギー保存の式に代入すると、$v^2 = v^2_A + v_B^2 = (v_A + v_B)^2 - 2v_Av_B = v^2 - 2v_Av_B$ となるので、$v_Av_B = 0$ となる。よって $v_A + v_B = v, v_Av_B = 0$ となるので、$v_A, v_B$ は二次方程式 $t^2 - vt = 0$ の2解となる。この解は $t = 0, v$ となるが、$A$が$B$追い越す事はない事から $v_A < v_B$ を考慮すると、$v_A = 0, v_B = v$ となる。

# 関連図書

[1]『湯川秀樹自選集　創造の世界』湯川秀樹著（1971）
[2]『力学（増訂第3版）ランダウ=リフシッツ理論物理学教程』エリ・デ・ランダウ、イェ・エム・リフシッツ著、広重徹、水戸巌翻訳、東京図書（1986）
[3]『ファインマン物理学（1）』ファインマン、レイトン、サンズ著、坪井忠二訳、岩波書店（1986）
[4]『解析力学・量子論』須藤靖著、東京大学出版会（2008）
[5]『物理のコンセプト1　力と運動』Paul G.Hewitt, John Suchocki, Leslie A.Hewitt 著、小出昭一郎監修、黒星瑩一、吉田義久訳、共立出版（1997）
[6]『図解雑学　CDでわかる音楽の科学』岩宮眞一郎著、ナツメ社（2009）
[7]『驚異の耳をもつイルカ』森満保著、岩波科学ライブラリー95（2004）
[8]『ファインマン物理学（2）』ファインマン、レイトン、サンズ著、富山小太郎訳、岩波書店（1986）
[9]『ファインマン物理学（3）』ファインマン、レイトン、サンズ著、宮島龍興訳、岩波書店（1986）

［10］『講談社基礎物理学シリーズ2　振動・波動』長谷川修司著、二宮正夫、北原和夫、並木雅俊、杉山忠男編、講談社（2009）
［11］『物理のコンセプト　流体と音波』Paul G.Hewitt, John Suchocki, Leslie A.Hewitt 著、小出昭一郎監修、黒星瑩一訳、共立出版（1997）
［12］『理科年表平成23年版』国立天文台編、丸善（2010）
［13］http://spaceinfo.jaxa.jp/
［14］『バークレー物理学コース2　電磁気学（第2版）上』飯田修一監訳、丸善（1989）
［15］『場の理論のはなし　音の場から電磁場まで』湯川秀樹、鈴木坦、江澤洋著、日本評論社（2010）
［16］『大学院　原子核物理』中村誠太郎監修、吉川庄一、森田正人、玉垣良三、谷畑勇夫、大塚孝治著、講談社（1996）
［17］『理化学辞典　第5版』長倉三郎、井口洋夫、江沢洋、岩村秀、佐藤文隆、久保亮五編、岩波書店（1998）
［18］『量子力学I』猪木慶治、川合光著、講談社（1994）
［19］『音と音波』小橋豊著、裳華房（1969）
［20］『マンガでわかる宇宙』石川憲二、柊ゆたか、ウェルテ著、川端潔監修、オーム社（2008）

**著者略歴**

**牟田 淳**（むた・あつし）

1968年生まれ。東京大学理学部物理学科卒業。

同大学院理学系研究科物理学専攻博士課程修了。

現在、東京工芸大学芸術学部基礎教育課程准教授。芸術学部に所属する理学系教員として、同大学でアートと数学、サイエンスのコラボを目指す。

趣味は旅行。最近は夏はほぼ毎年南の島に旅行し、昼はスキューバダイビングなどで魚と泳ぎ、夜は天の川などの天体観測や天体撮影を満喫している。

また、冬には北国で雪の結晶の写真も撮影している。

著書
『アートのための数学』
『宇宙と物理をめぐる十二の授業』
『デザインのための数学』（以上、オーム社）

## 学《まな》びなおすと物理《ぶつり》はおもしろい

2011年4月25日　初版発行

| | |
|---|---|
| 著者 | 牟《む》田《た》　淳《あつし》 |
| カバーデザイン | B&W⁺ |
| 図版 | 下田 麻美 |
| DTP | WAVE 清水 康広 |

©Atsushi Muta 2011. Printed in Japan

| | |
|---|---|
| 発行者 | 内田 眞吾 |
| 発行・発売 | ベレ出版<br>〒162-0832　東京都新宿区岩戸町12 レベッカビル<br>TEL.03-5225-4790 FAX.03-5225-4795<br>ホームページ　http://www.beret.co.jp/<br>振替 00180-7-104058 |
| 印刷 | 株式会社 文昇堂 |
| 製本 | 根本製本株式会社 |

落丁本・乱丁本は小社編集部あてにお送りください。送料小社負担にてお取り替えします。

ISBN 978-4-86064-285-3 C2042　　編集担当　坂東一郎